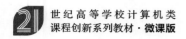
世纪高等学校计算机类
课程创新系列教材·微课版

Java Web应用开发基础
微课视频版

肖锋 / 编著

清华大学出版社
北京

内容简介

本书由浅入深、全面系统地介绍了 Java Web 应用开发的基础技术，每章都配以通俗易懂的实例进行讲解，以帮助读者能够循序渐进地理解 Java Web 开发的思想、开发步骤和基本技巧。全书共分为两部分，共 12 章。第一部分基础知识篇，包括第 1～10 章，主要讲解 Java Web 开发环境的搭建、Java Web 应用开发基础知识、Servlet 基础、Servlet 进阶、JSP 技术、JSP 与 JavaBean、JSP 与 JDBC、EL 与 JSTL、过滤器与监听器、AJAX 技术等；第二部分实践操作篇，包括第 11 章简易购物系统的设计与实现和第 12 章改进版购物系统的设计与实现。

本书适合作为全国高等学校 Java Web 开发相关课程的教材，也适合作为具有部分 Java SE 基础读者的入门书籍和工具书。

本书封面贴有清华大学出版社防伪标签，无标签者不得销售。
版权所有，侵权必究。举报：010-62782989，beiqinquan@tup.tsinghua.edu.cn。

图书在版编目（CIP）数据

Java Web 应用开发基础：微课视频版/肖锋编著. —北京：清华大学出版社，2022.1（2024.8重印）
21 世纪高等学校计算机类课程创新系列教材：微课版
ISBN 978-7-302-58929-7

Ⅰ. ①J… Ⅱ. ①肖… Ⅲ. ①JAVA 语言－程序设计－高等学校－教材 Ⅳ. ①TP312.8

中国版本图书馆 CIP 数据核字（2021）第 171787 号

责任编辑：陈景辉
封面设计：刘　键
责任校对：刘玉霞
责任印制：刘海龙

出版发行：清华大学出版社
网　　址：https://www.tup.com.cn，https://www.wqxuetang.com
地　　址：北京清华大学学研大厦 A 座　　邮　编：100084
社 总 机：010-83470000　　邮　购：010-62786544
投稿与读者服务：010-62776969，c-service@tup.tsinghua.edu.cn
质量反馈：010-62772015，zhiliang@tup.tsinghua.edu.cn
课件下载：https://www.tup.com.cn，010-83470236

印 装 者：三河市龙大印装有限公司
经　　销：全国新华书店
开　　本：185mm×260mm　　印　张：12.5　　字　数：302 千字
版　　次：2022 年 1 月第 1 版　　印　次：2024 年 8 月第 6 次印刷
印　　数：8001～9500
定　　价：49.90 元

产品编号：091463-01

党的二十大报告强调"必须坚持科技是第一生产力、人才是第一资源、创新是第一动力,深入实施科教兴国战略、人才强国战略、创新驱动发展战略,开辟发展新领域新赛道,不断塑造发展新动能新优势"。

在互联网应用中,基于B/S架构的Web应用系统与用户进行交互,整合并调用网络资源,向用户提供服务。因此,Web应用可以说是互联网的基石,而Web应用程序的开发,同样是软件开发领域中重要的研究方向。Java Web应用开发作为Web开发技术中重要的组成部分,由于其跨平台性好、技术规范、强大的生态环境支持等特点,深受开发人员和广大师生的青睐。

作为Web开发的主流技术,Java Web应用开发正朝着组件化、前后端分离、微服务等方向发展,但万变不离其宗,服务器后端部分作为Web应用的核心,仍然是Java Web开发技术中应该关注的重点。因此,理解并掌握这些Java Web开发的基本原理和技术,是一名优秀Web开发人员的必备技能,也是学习其他Java Web框架的基础。

本书全面系统地介绍了Java Web应用开发的基础技术,从开发环境的搭建开始,逐步地介绍Web开发中需要使用的基础知识和常用机制,并基于Servlet 3.1和JSP 2.3规范,详细地讲解Java Web开发中的相关开发思路、步骤和技巧,并在讲解理论知识的同时,配合大量通俗易懂的实例,引导读者理解和掌握相关知识点。

本书主要内容

第一部分基础知识篇。

第1章 Java Web开发环境的搭建,主要介绍Web应用系统、开发工具的安装、Tomcat服务器的安装与测试、数据库的安装与访问和Web项目的创建与运行。

第2章 Java Web应用开发基础知识,主要介绍项目结构与服务器目录、页面设计基础和Web应用开发常用机制。

第3章 Servlet基础,主要介绍Servlet和JSP、Tomcat服务器原理、Servlet的编写、Servlet处理请求与响应、中文传输乱码问题以及Servlet生成HTML页面。

第4章 Servlet进阶,主要介绍请求转发与重定向、Servlet处理session、Servlet处理Cookie以及ServletContext对象。

第5章 JSP技术,主要介绍JSP运行与生命周期、JSP基础语法、JSP指令与动作、内置对象以及JSP与Servlet共同开发。

第6章 JSP与JavaBean,主要介绍JavaBean相关概念、JavaBean的使用以及利用JavaBean开发简易购物车。

第7章 JSP与JDBC,主要介绍JDBC简介、数据库和表的建立、JDBC操作步骤、JDBC在JSP中的操作、PreparedStatement接口、批处理以及事务。

第8章 EL与JSTL,主要介绍EL的作用及基本语法、EL定义的基本运算符、数据读取、JSTL的概念及作用、核心标签库、函数标签库、格式化标签库、SQL标签库以及XML

标签库。

第9章过滤器与监听器,主要介绍过滤器与监听器概述,过滤器和监听器的使用。

第10章AJAX技术,主要介绍AJAX技术概述、AJAX开发、AJAX实例以及AJAX的技术优点与缺点。

第二部分实践操作篇。

第11章简易购物系统的设计与实现,主要介绍系统需求分析、开发模式与思路、数据库设计与功能设计及系统开发。

第12章改进版购物系统的设计与实现,主要介绍改进系统需求分析、新增功能模块设计及系统开发。

本书特色

(1) 内容循序渐进,章节编排契合Java Web应用开发学习路线。

(2) 注重Java Web开发相关原理的讲解,旨在夯实基础。

(3) 覆盖Java Web应用开发所需的知识和技巧,并结合开发模式进行讲解。

(4) 章节案例自成体系,开发方法符合实际人才培养的需求。

(5) 案例讲解采用项目分析、设计、编码、测试等步骤,帮助读者掌握完整的软件工程知识体系。

配套资源

为便于教学,本书配有1500分钟微课视频、源代码、数据库文件、教学课件、教学大纲、教学进度表、课后习题、软件安装包。

(1) 获取微课视频方式:先扫描本书封底的文泉云盘防盗码,再扫描书中相应的视频二维码,观看微课视频。

(2) 获取源代码、数据库文件、课后习题、软件安装包方式:先扫描本书封底的文泉云盘防盗码,再扫描下方二维码,即可获取。

源代码

数据库文件

课后习题

软件安装包

(3) 其他配套资源可以扫描本书封底的"书圈"二维码下载。

本书可作为全国高等学校Java Web开发相关课程的教材,也适用于有Java SE部分基础但没有Java Web开发经验的程序员作为其入门书籍和工具书使用。

本书提供了章节中实例及课后习题的源代码,同时配有相关的课件及教学视频等资源,供读者使用和学习。

由于时间仓促和作者水平有限,书中不妥之处在所难免,敬请广大读者批评和指正。

编 者
2021年11月

目 录

第一部分 基础知识篇

第 1 章 Java Web 开发环境的搭建 3

1.1 Web 应用系统 3
    1.1.1 Web 应用系统与 B/S 架构 3
    1.1.2 Web 应用系统工作流程 4
    1.1.3 Web 应用系统开发语言 5
    1.1.4 Java Web 服务器 5
1.2 开发工具的安装 6
    1.2.1 JDK 的安装与环境变量配置 6
    1.2.2 Eclipse 的获取与安装 11
1.3 Tomcat 服务器的安装与测试 12
    1.3.1 Tomcat 服务器的安装 12
    1.3.2 Tomcat 服务器的测试 12
1.4 数据库的安装与访问 13
    1.4.1 数据库的安装 13
    1.4.2 数据库的访问 19
1.5 Web 项目的创建与运行 19
    1.5.1 创建项目 19
    1.5.2 项目运行 24

第 2 章 Java Web 应用开发基础知识 25

2.1 项目结构与服务器目录 25
    2.1.1 Java Web 项目结构 25
    2.1.2 Tomcat 服务器目录 26
2.2 页面设计基础 29
    2.2.1 HTML 29
    2.2.2 CSS 37
    2.2.3 JavaScript 41
2.3 Web 应用开发常用机制 44
    2.3.1 URL 与 HTTP 44

2.3.2 request 与 response … 45
2.3.3 session 与 Cookie … 46

第 3 章 Servlet 基础 … 48

3.1 Servlet 和 JSP … 48
3.2 Tomcat 服务器原理 … 49
3.2.1 Tomcat 体系结构 … 49
3.2.2 Tomcat 核心组件 … 50
3.3 Servlet 的编写 … 51
3.3.1 Servlet 的创建 … 51
3.3.2 Servlet 的运行 … 54
3.3.3 Servlet 的运行机制 … 55
3.3.4 Servlet 与生命周期 … 56
3.4 Servlet 处理请求与响应 … 57
3.4.1 doGet()与 doPost()方法 … 57
3.4.2 rqequest 基本信息的获取 … 57
3.4.3 URL 传值数据的获取 … 58
3.4.4 表单中单值元素数据的获取 … 60
3.4.5 表单中多值元素数据的获取 … 61
3.5 中文传输乱码问题 … 63
3.5.1 请求参数编码 … 64
3.5.2 响应编码 … 65
3.5.3 客户端编码 … 66
3.6 Servlet 生成 HTML 页面 … 67

第 4 章 Servlet 进阶 … 69

4.1 请求转发与重定向 … 69
4.1.1 请求转发 … 69
4.1.2 重定向 … 73
4.1.3 请求转发与重定向小结 … 74
4.2 Servlet 处理 session … 75
4.2.1 客户端会话与服务器会话对象 … 75
4.2.2 session 的登录与退出 … 76
4.3 Servlet 处理 Cookie … 79
4.4 ServletContext 对象 … 82

第 5 章 JSP 技术 … 85

5.1 JSP 运行与生命周期 … 85
5.2 JSP 基础语法 … 86

5.2.1　变量声明与表达式 ………………………………………… 86
　　5.2.2　程序段 ……………………………………………………… 87
　　5.2.3　JSP 注释 …………………………………………………… 88
5.3　JSP 指令与动作 …………………………………………………………… 89
　　5.3.1　JSP 指令 …………………………………………………… 89
　　5.3.2　JSP 动作 …………………………………………………… 92
5.4　JSP 内置对象 ……………………………………………………………… 94
5.5　JSP 与 Servlet 共同开发 …………………………………………………… 95
　　5.5.1　需求分析 …………………………………………………… 95
　　5.5.2　实现思路 …………………………………………………… 95
　　5.5.3　代码实现 …………………………………………………… 95

第 6 章　JSP 与 JavaBean …………………………………………………… 99

6.1　JavaBean 相关概念 ………………………………………………………… 99
　　6.1.1　什么是 JavaBean …………………………………………… 99
　　6.1.2　POJO 与 JavaBean ………………………………………… 99
　　6.1.3　在 Eclipse 中编写 Javabean ……………………………… 101
6.2　JavaBean 的使用 …………………………………………………………… 104
　　6.2.1　引入 JavaBean ……………………………………………… 104
　　6.2.2　在 JSP 中设置 JavaBean 的属性 ………………………… 104
　　6.2.3　在 JSP 中读取 JavaBean 的属性 ………………………… 105
　　6.2.4　JavaBean 的范围 …………………………………………… 106
6.3　利用 JavaBean 开发简易购物车 ………………………………………… 108
　　6.3.1　需求分析 …………………………………………………… 108
　　6.3.2　实现思路 …………………………………………………… 108
　　6.3.3　代码实现 …………………………………………………… 109

第 7 章　JSP 与 JDBC ………………………………………………………… 115

7.1　JDBC 简介 ………………………………………………………………… 115
7.2　数据库和表的建立 ………………………………………………………… 116
7.3　JDBC 操作步骤 …………………………………………………………… 118
7.4　JDBC 在 JSP 中的操作 …………………………………………………… 120
　　7.4.1　添加数据 …………………………………………………… 120
　　7.4.2　修改数据 …………………………………………………… 121
　　7.4.3　删除数据 …………………………………………………… 122
　　7.4.4　查询数据 …………………………………………………… 123
7.5　PreparedStatement 接口 …………………………………………………… 125
7.6　批处理 ……………………………………………………………………… 128
7.7　事务 ………………………………………………………………………… 129

第 8 章 EL 与 JSTL ………………………………………………………………………… 132

8.1 EL ………………………………………………………………………………… 132
8.1.1 EL 的作用 ……………………………………………………………… 132
8.1.2 EL 基本语法 …………………………………………………………… 132
8.1.3 EL 定义的基本运算符 ………………………………………………… 133
8.1.4 数据读取 ……………………………………………………………… 135
8.2 JSTL ……………………………………………………………………………… 138
8.2.1 什么是 JSTL …………………………………………………………… 138
8.2.2 配置 JSTL ……………………………………………………………… 139
8.2.3 核心标签库 …………………………………………………………… 139
8.2.4 函数标签库 …………………………………………………………… 145
8.2.5 格式化标签库 ………………………………………………………… 147
8.2.6 SQL 标签库 …………………………………………………………… 147
8.2.7 XML 标签库 …………………………………………………………… 148

第 9 章 过滤器与监听器 ……………………………………………………………………… 149

9.1 过滤器与监听器概述 …………………………………………………………… 149
9.1.1 过滤器 ………………………………………………………………… 149
9.1.2 监听器 ………………………………………………………………… 149
9.1.3 Filter、Listener、Servlet ……………………………………………… 150
9.2 过滤器和监听器的使用 ………………………………………………………… 150
9.2.1 过滤器的使用 ………………………………………………………… 150
9.2.2 监听器的使用 ………………………………………………………… 160

第 10 章 AJAX 技术 ………………………………………………………………………… 168

10.1 AJAX 技术概述 ………………………………………………………………… 168
10.2 AJAX 开发 ……………………………………………………………………… 169
10.2.1 AJAX 请求示例 ……………………………………………………… 169
10.2.2 API 解释 ……………………………………………………………… 171
10.3 AJAX 实例 ……………………………………………………………………… 172
10.3.1 需求分析 …………………………………………………………… 173
10.3.2 实现思路 …………………………………………………………… 173
10.3.3 JSON 对象 ………………………………………………………… 173
10.3.4 代码实现 …………………………………………………………… 174
10.4 AJAX 技术的优点与缺点 ……………………………………………………… 178
10.4.1 优点 ………………………………………………………………… 178
10.4.2 缺点 ………………………………………………………………… 178

第二部分　实践操作篇

第 11 章　简易购物系统的设计与实现 …………………………………………………… 181

    11.1　系统需求分析 ……………………………………………………………… 181
    11.2　开发模式及思路 …………………………………………………………… 181
        11.2.1　MVC 模式 ………………………………………………………… 181
        11.2.2　实现思路 ………………………………………………………… 181
    11.3　数据库设计与功能设计 …………………………………………………… 182
        11.3.1　数据库设计 ……………………………………………………… 182
        11.3.2　功能设计 ………………………………………………………… 182
    11.4　系统开发与系统功能演示 ………………………………………………… 183

第 12 章　改进版购物系统的设计与实现 ………………………………………………… 184

    12.1　改进系统需求分析 ………………………………………………………… 184
    12.2　新增功能模块设计 ………………………………………………………… 185
        12.2.1　数据库新增表 …………………………………………………… 185
        12.2.2　新增功能设计 …………………………………………………… 186
    12.3　系统开发与项目总结 ……………………………………………………… 186

第一部分 基础知识篇

第 1 章 Java Web 开发环境的搭建

1.1 Web 应用系统

1.1.1 Web 应用系统与 B/S 架构

Web 应用系统即用户直接通过浏览器程序,在地址栏输入相应的 Web 应用系统的网络地址,以获得相应的服务。例如,在搜索引擎中进行关键字查询,获得检索结果。

很多网络应用系统采用的是 C/S(客户端/服务器)架构,即每个用户使用的终端上必须安装一个应用程序的客户端。当程序运行时,由客户端和服务器端进行通信。C/S 应用系统部署架构示意如图 1-1 所示。C/S 架构具有丰富的操作界面,安全性可靠,且响应速度较快等优势。劣势是:由于 C/S 架构系统的客户端需要同时实现复杂的业务逻辑以及结果的界面展示,客户端的压力较大。另外,一旦对客户端应用程序进行了改动,如果想与最新版本的功能保持一致,就需要所有的用户对客户端进行维护升级。因此,项目维护的成本较高,增加了部署的难度。

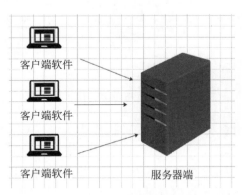

图 1-1 C/S 应用系统部署架构示意

Web 应用系统采用 B/S(浏览器/服务器)架构,B/S 架构由 Browser 客户端、Web 应用服务器端和数据库服务器构成。其中,显示逻辑交给浏览器,事务处理逻辑由 Web 应用服务器端处理,这就减轻了客户端的压力。同时用户只需要安装浏览器即可,而不用担心在业务逻辑被修改后会影响正常服务的访问,因此也减轻了项目部署的难度。采用 B/S 架构的应用系统的缺点在于,界面不如 C/S 架构的客户端丰富,同时响应速度也较慢。B/S 应用系统部署架构示意如图 1-2 所示。

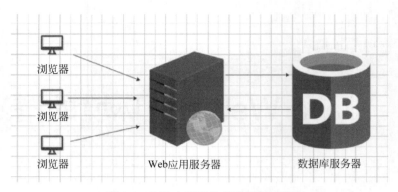

图1-2 B/S应用系统部署架构示意

C/S架构与B/S架构各有其优缺点,一个网络应用系统采取哪种架构,取决于各方面的因素。而依托于WWW(World Wide Web)的Web应用系统在现实中应用较为广泛,因此本书将讲解基于B/S架构的Web应用系统开发等各方面的知识。

1.1.2 Web应用系统工作流程

在B/S架构下,当用户使用浏览器输入网址,对Web应用系统进行访问时,客户端、Web应用服务器以及数据库服务器是如何工作的呢?事实上,Web应用系统是基于HTTP(HyperText Transfer Protocol,超文本传输协议)来实现的,而HTTP是基于请求/响应模式来实现的。Web应用系统工作流程示意如图1-3所示。

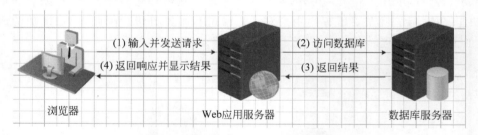

图1-3 Web应用系统工作流程示意

以用户在某Web应用系统中进行登录的操作为例,对Web应用系统访问的具体流程描述如下所述。

(1) 输入并发送请求。用户在浏览器中的登录页面上输入用户名、密码等登录信息,单击"提交"按钮,向Web应用系统发出登录请求,此时用户提交的用户名、密码等消息将根据相应的网络协议,以特定的形式发送给Web应用服务器。

(2) 访问数据库。Web应用服务器收到用户的登录请求后,将会由负责登录的应用程序对用户提交的登录信息进行验证,由于合法用户的登录信息存储在数据库服务器,因此Web应用服务器将调用负责处理登录请求的程序访问数据库。

(3) 数据库返回查询结果。数据库收到Web应用服务器的访问请求后,根据查询请求参数,返回相应的查询结果给应用服务器。如果提交的用户名与密码匹配,就返回用户其他信息供应用服务器调用;如果不匹配,就返回匹配异常的提示信息。

（4）返回响应并显示结果。Web 应用服务器收到数据库的结果后，负责登录的应用程序将结果进行整理，动态地生成由 HTML(HyperText Markup Language，超文本标记语言)标签组成的页面，并将该页面返回给客户端的浏览器。浏览器对 HTML 标签进行解释，并在客户端界面中进行结果的显示。

一个 Web 应用系统要想给用户提供服务，首先需要一个 Web 应用服务器，以及能够运行在该服务器上的应用程序集合。该应用程序集合需要具备以下 3 个基本功能。

（1）能够接收用户的请求信息，并能找到相应的应用子程序去处理。

（2）能够调用数据库服务器或者其他第三方接口服务。

（3）能够将信息正确地反馈给用户。

目前，能够开发 Web 应用系统的解决方案以及技术标准有很多，不同的编程语言都需要实现以上讨论的 Web 应用程序的基本功能。

1.1.3　Web 应用系统开发语言

Web 应用系统可以使用多种编程语言及标准进行开发，目前使用较为广泛的开发语言有以下 4 种。

1．JSP(Java Server Pages)

JSP 是由 Sun 公司(已被甲骨文公司收购)主导创建的一种动态网页技术标准。其部署于 Web 应用服务器上，将 Java 代码嵌入静态的页面，实现以静态页面为模板，动态地生成网页内容。JSP 语言跨平台，功能强大，便于扩展，因此是一款非常流行的 Web 应用开发语言标准。

2．PHP(Hypertext Preprocessor)

PHP 是一种创建动态交互性站点的服务器端脚本语言。PHP 是开源的，具有成本低、速度快、可移植性好、内置丰富函数库等优点，同时 PHP 支持大多数主流数据库及操作系统，因此被众多企业应用于网站开发中。

3．ASP(Active Server Pages)

ASP 是 Microsoft 公司开发的服务器端脚本环境，可用来创建动态交互式网页并建立强大的 Web 应用程序。ASP 简单且易于维护，被广泛应用于各类 Web 应用系统的开发。

4．Python

Python 是一种跨平台的解释型脚本编程语言。Python 有丰富的 Web 开发框架和众多成熟的工具库，开发效率较高，而且运行速度快。

其中，JSP 以 Java 为基础，有较好的技术生态环境，以及众多的 Java Web 应用服务器的支持，因此无论是中小型网站，还是商业应用平台系统的开发，都能得到良好的应用。本书将重点介绍 JSP 技术以及其他 Java Web 开发的基础知识。

1.1.4　Java Web 服务器

从 Web 应用系统运行的机制来看，开发一个 Java Web 应用系统需要一个 Web 应用服务器接收客户端的请求，对业务逻辑进行处理，然后动态地生成相应的页面，返回给客户端进行响应。

如果使用 JSP 技术作为服务器端的开发语言，就需要服务器能够处理 JSP 页面及相关业务逻辑程序，此时，Java Web 服务器相当于一个容器，提供了 JSP 以及其他 Java Web 组件运行的环境。目前，比较常用的 Java Web 服务器包括 Tomcat、Resin、JBoss、WebSphere

和 WebLogic 等。其中，Tomcat 服务器来自 Apache 基金会 Jarkarta 项目下的一个子项目，是一个免费开源的轻量级 Web 服务器。其性能稳定，对 J2EE（全称为 Java 2 Platform Enterprise Edition，这是一款由 Sun 公司领导各厂家共同制定并得到广泛认可的工业标准）开发标准具有良好的支持，在中小型系统中得到广泛应用，适合初学者学习和开发使用。因此，本书中的示例项目均采用 Tomcat 作为 Web 应用服务器，并结合实际案例进行演示。

1.2 开发工具的安装

对于项目开发，选择合适的开发工具可以有效地提高开发效率。目前 Java Web 开发的集成开发工具有很多，如 Netbeans、IntelliJ IDEA、MyEclipse 以及 Eclipse 等。本书选用 Eclipse 的 J2EE 版本作为开发工具，该版本开源免费，功能全面，支持 Java Web 的常用技术标准，内置丰富的插件，满足 Web 开发的基本需求。

视频讲解

1.2.1 JDK 的安装与环境变量配置

1. JDK 的安装

要使用 Eclipse 进行 Java Web 项目的开发，需要先安装 JDK（Java Development Kit，Java 开发包）。本书使用 JDK 的版本为 JDK 8.0。可以到 Oracle 的官方网站或国内镜像下载获取 JDK 8.0 的安装文件。

注意，JDK 的版本请选择适配开发机器操作系统的相应位数（32 位或 64 位）。

本书示例项目在 Windows10 64 位的微机上开发。因此，JDK 安装程序为 jdk-8u181-windows-x64.exe。

（1）双击 JDK 安装文件，弹出"Java SE Development Kit 8 Update 181(64-bit)-安装程序"对话框，如图 1-4 所示。在此对话框中，单击"下一步"按钮。

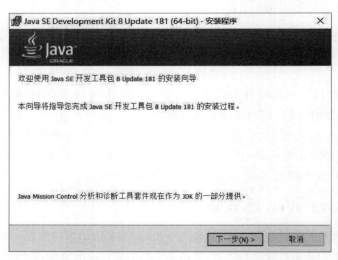

图 1-4 "Java SE Development Kit 8 Update 181(64-bit)-安装程序"对话框

（2）选择 JDK 安装路径。如果选择安装在 C 盘下的默认路径，就直接在弹出的"Java SE Development Kit 8 Update 181(64-bit)-定制安装"对话框中单击"下一步"按钮进行安装。如果选择安装在其他路径，就单击"更改"按钮，弹出"Java SE Development Kit 8 Update 181(64-bit)-更改文件夹"对话框，如图1-5所示。在该对话框中选择相应的安装路径，并单击"确定"按钮。

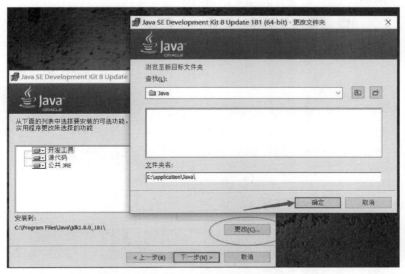

图1-5 "Java SE Development Kit 8 Update 181(64-bit)-更改文件夹"对话框

（3）选择好安装路径后，在弹出的"Java SE Development Kit 8 Update 181(64-bit)-定制安装"对话框中，单击"下一步"按钮进行安装，如图1-6所示。

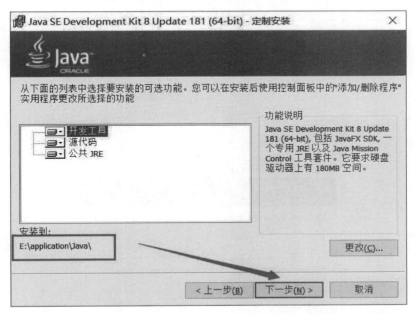

图1-6 "Java SE Development Kit 8 Update 181(64-bit)-定制安装"对话框

（4）JDK安装完成后，弹出"Java安装-目标文件夹"对话框，该步骤安装JRE（Java Runtime Environment，Java运行环境），在JDK中已经包含了一个公共JRE，因此可以取消此处 JRE 的安装。单击"Java 安装-目标文件夹"对话框的"关闭"按钮,取消 JRE 安装操作,如图 1-7 所示。在弹出的"是否确实要取消 Java 1.8.0_181 安装?"提示框中单击"是"按钮,确定取消 JRE 安装,如图 1-8 所示。

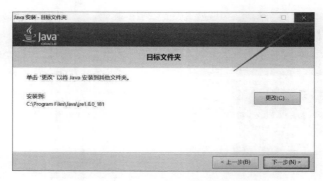

图 1-7　取消 JRE 安装操作

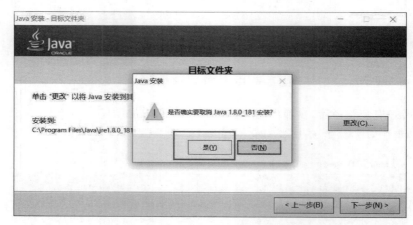

图 1-8　确定取消 JRE 安装

（5）取消 JRE 的安装后,弹出"Java SE Development Kit 8 Update 181(64-bit)-完成"对话框,单击"关闭"按钮,JDK 安装完成,如图 1-9 所示。

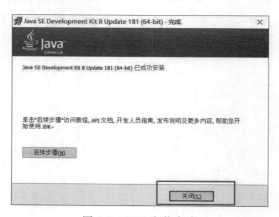

图 1-9　JDK 安装完成

2．JDK 的环境变量配置

安装完 JDK 后，还需要配置环境变量，以便后续的开发调试。JDK 的环境变量配置步骤如下所述。

（1）右击桌面上"此电脑"图标，在弹出的菜单中选择"属性"选项，弹出"系统"界面，选择"高级系统设置"选项，如图 1-10 所示。

图 1-10 选择"高级系统设置"选项

（2）在弹出的"系统属性"对话框中，选择"高级"选项卡，单击"环境变量"按钮，如图 1-11 所示。

图 1-11 "系统属性"对话框

（3）在弹出的"环境变量"对话框中，单击"新建"按钮，在弹出的"新建系统变量"对话框的"变量名"文本框中输入 JAVA_HOME，单击"浏览目录"按钮，将变量值设置为 JDK 安装的路径，单击"确定"按钮，如图 1-12(a)和(b)所示。

（4）在"系统变量"下拉列表中选择 Path，单击"编辑"按钮，弹出"编辑环境变量"对话框，单击"新建"按钮，输入％JAVA_HOME％\bin，为 Path 添加一个％JAVA_HOME％\bin 的值，单击"确定"按钮，如图 1-13 所示。

（5）在环境变量配置完成后，打开系统的 CMD 界面，输入 java-version 命令，验证 JDK 以及环境变量是否安装与配置成功，如图 1-14 所示。

Java Web应用开发基础(微课视频版)

(a) "环境变量"对话框

(b) "新建系统变量"对话框

图 1-12 设置 JAVA_HOME 环境变量

图 1-13 编辑 Path 环境变量

图 1-14　验证 JDK 以及环境变量是否安装与配置成功

1.2.2　Eclipse 的获取与安装

视频讲解

Eclipse 可以在官网或镜像网站中直接下载，在选择版本时同样需要选择对应的操作版本位数，以及确认是否支持已安装的 JDK 版本。本书选用的 Eclipse 版本为 eclipse-jee-oxygen-3a-win32-x86_64，该版本支持 JDK 8 及以上版本。

下载后的 Eclipse 为压缩包形式，不需要进行额外的安装，直接解压到相应的路径即可。在解压路径下有一个 eclipse.exe 的可执行文件，双击该程序即可运行该开发工具。

在项目开发过程中，会在 Eclipse 中编写 Java 代码以及 JSP、HTML、CSS、JavaScript、XML 等文本文件。为了避免在编写的过程中出现乱码的现象，建议在第一次使用 Eclipse 时，可以选择 Window→Preferences 选项，在弹出的 Preferences 窗口的搜索框内输入 encoding，会在窗口右侧显示 Eclipse 编码格式的选项。例如，单击 Web 中的 JSP Files 选项，在右侧的 Encoding 下拉列表中选择 ISO 10646/Unicode(UTF-8)选项，设置其为 JSP 文件的默认编码格式，如图 1-15 所示。单击 Apply and Close 按钮，使设置生效。

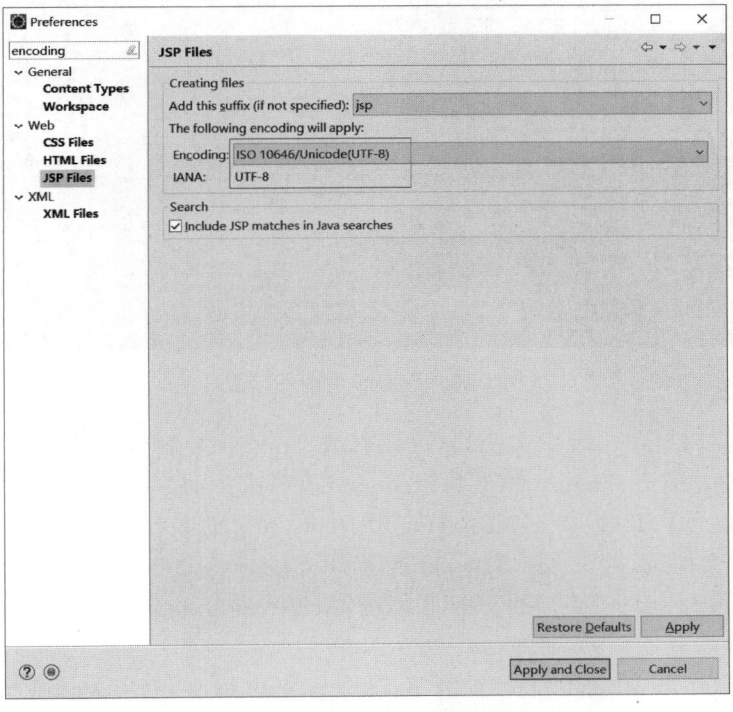

图 1-15　设置 JSP 文件的默认编码格式

可以依次将 General 中的 Content Types 和 Workspace 文件，Web 中的 HTML、CSS、JSP 文件，以及 XML 文件的默认编码格式统一为 UTF-8。

1.3　Tomcat 服务器的安装与测试

1.3.1　Tomcat 服务器的安装

视频讲解

　　Tomcat 服务器可以直接到其网站主页下进行下载，在选择版本时同样需要选择对应的操作版本位数以及确认是否支持已安装的 JDK 版本。本书选用 Tomcat 9，具体版本为 apache-tomcat-9.0.33-windows-x64.zip。该版本为免安装版本，只进行解压即可，也可以选择其他安装版本进行安装。

1.3.2　Tomcat 服务器的测试

　　将 Tomcat 服务器软件包进行解压后，进入 bin 目录，然后双击 startup.bat 文件，将弹出一个命令行界面，该界面为 Tomcat 服务器控制台，如图 1-16 所示，控制台界面中显示服务器运行的状态日志。

图 1-16　Tomcat 服务器控制台

　　如果发现控制台中出现中文乱码，可以修改 Tomcat 控制台日志编码格式，如图 1-17 所示。利用记事本打开 Tomcat 安装目录下 conf 文件夹中的 logging.properties 文件，在该文件中找到 java.util.logging.ConsoleHandler.encoding 的参数行，将参数值设置为 GBK。注意，修改配置文件后，需要重启 Tomcat 服务器。

　　在重启 Tomcat 服务器后，可以打开浏览器，输入网址 http://localhost:8080，此时页面显示 Tomcat 服务器首页，如图 1-18 所示。

　　经过上述操作后，在本机上已经开启了 Java Web 服务，在 Tomcat 服务器上可部署 Java Web 的应用程序。稍后在本章的 1.5 节讲解如何新建一个 Java Web 项目以及在 Tomcat 服务器中部署并运行。

第1章 Java Web开发环境的搭建

图 1-17　修改 Tomcat 控制台日志编码格式

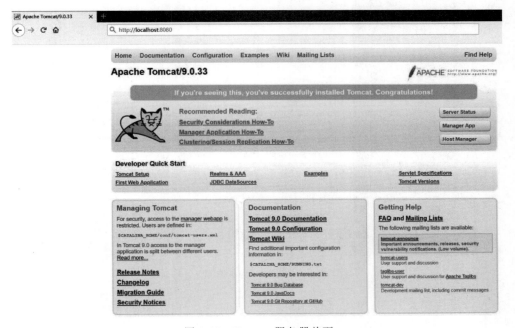

图 1-18　Tomcat 服务器首页

1.4　数据库的安装与访问

1.4.1　数据库的安装

在 Web 应用系统中，数据库服务是重要的组成部分。数据库可以实现数据的存储、共享、管理，保证数据的一致性、可靠性及安全性。Web 应用中的常见业务功能，本质上是对各类数据信息进行相应的 CRUD（Create、Read、Update、Delete）操作，数据库则对业务操作后的数据进行持久化存储和管理。因此，Web 应用系统的设计与开发也需要选择一款合适的产品作为数据库服务器。

视频讲解

目前,主流传统的关系数据库包括微软的 SQL Server、Oracle、DB2、MySQL 等,非关系数据库包括 MongoDB、Redis、HBase 等。其中,MySQL 由于其具有开源、灵活、性能稳定、易于安装维护等特点,被广泛应用于中小型 Web 应用系统,非常适用于 Web 开发初级阶段的学习,因此本书采用 MySQL 作为示例项目开发的数据库。

MySQL 可以在其官网或者国内镜像网站获取,本书采用 MySQL 5.6 版本,安装程序为 mysql-installer-community-5.6.40.1.msi。双击该程序,即可进行安装,其操作步骤如下所述。

(1) 在弹出的 License Agreement 窗口中,选中 I accept the license terms 复选框,如图 1-19 所示,然后单击 Next 按钮。

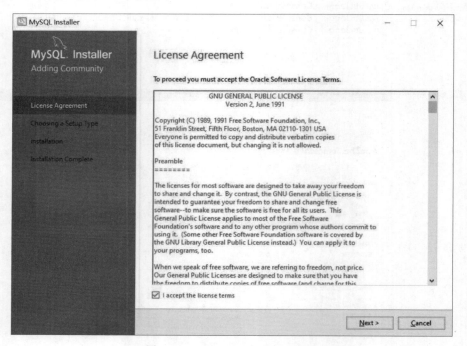

图 1-19　License Agreement 窗口

(2) 选择定制安装 MySQL,在弹出的 Choosing a Setup Type 窗口中选择 Custom,然后单击 Next 按钮,如图 1-20 所示。

(3) 选择需要安装的 MySQL 组件。如果计算机的操作系统是 32 位,就选择 MySQL Server 5.6.40-X86;如果计算机的操作系统是 64 位,就可以在 Available Products 列表中选择 MySQL Servers 下 MySQL Server 5.6.40-X86 或者 MySQL Server 5.6.40-X64 中的一个。此处选择的是 MySQL Server 5.6.40-X86,然后单击向右的箭头,此时在 Products/Features To Be Installed 列表中显示该组件已被选中。如果有需要,还可以选择其他组件,并添加到待安装的列表中,如图 1-21 所示。

(4) 选择数据库安装路径和数据文件存储路径,选中 Products/Features To Be Installed 列表中的 MySQL Server 5.6.40-X86,然后单击 Advanced Options 按钮,弹出 Advanced Options for MySQL Server 5.6.40 对话框,在该对话框中的 Install Directory 和 Data Directory 文本框中分别输入数据库的安装路径和数据文件的存储路径。单击 OK 按钮,返回到 Select Products and Features 窗口,单击 Next 按钮,如图 1-22 所示。

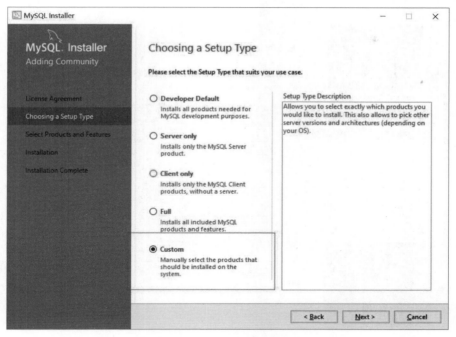

图 1-20　选择定制安装 MySQL

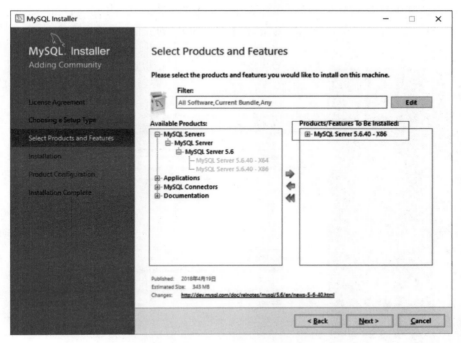

图 1-21　选择需要安装的 MySQL 组件

（5）弹出 Check Requirements 窗口,安装程序此时会检测该计算机中是否已经安装了 MySQL 所需的基础软件。如果没有安装,那么安装程序将提示安装,可以单击 Execute 按

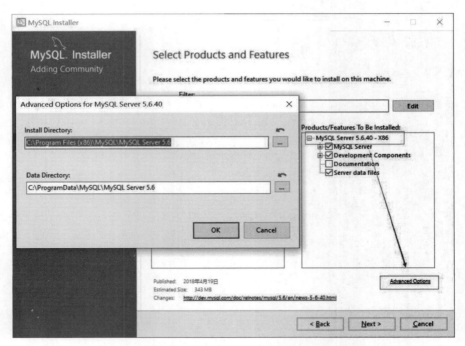

图 1-22　选择数据库安装路径和数据文件存储路径

钮进行安装。基础软件安装完毕后,在列表中会显示"安装成功"内容,确定满足 MySQL 安装条件,如图 1-23 所示。单击 Next 按钮,进行 MySQL 的安装。

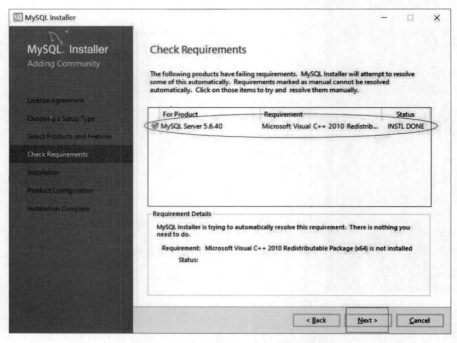

图 1-23　确定满足 MySQL 安装条件

（6）MySQL 安装完毕后，单击 Next 按钮，弹出 Type and Networking 窗口，设置数据库类型和网络连接参数，如图 1-24 所示。在 Config Type 的下拉列表中选择 Development Computer 选项；Port Number 选择默认端口号 3306，然后单击 Next 按钮。

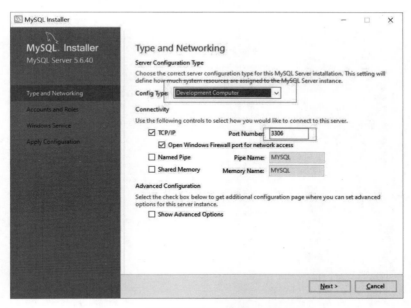

图 1-24　配置数据库类型和网络连接参数

（7）设置数据库账号和密码，如图 1-25 所示。在弹出的 Accounts and Roles 窗口中，对数据库管理账户 root 进行密码设置。建议设置足够长且复杂的密码，同时妥善管理该密码。也可以单击 Add User 按钮，添加其他管理员账户，并设置密码。本书为了方便演示，此处将 root 账户的密码设置为 123456，出于安全考虑，建议读者自行设置强度更高的密码。

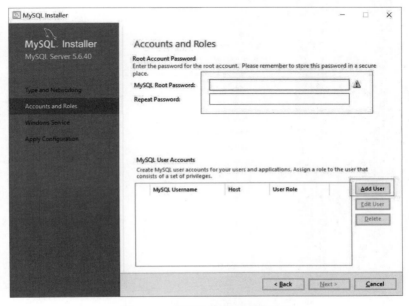

图 1-25　设置数据库账号和密码

(8) 设置 MySQL 的服务名称,如图 1-26 所示。在弹出的 Windows Service 窗口中的 Windows Service Name 文本框中输入相应的名称,此处为默认的 MySQL 56,然后单击 Next 按钮。

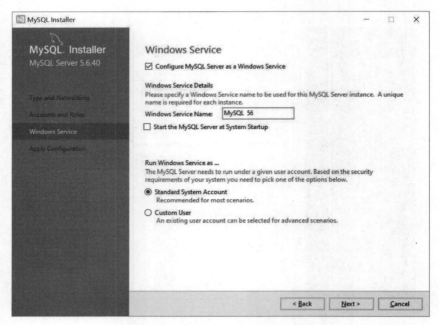

图 1-26　设置 MySQL 的服务名称

(9) 在弹出的 Apply Configuration 窗口中单击 Execute 按钮,确定 MySQL 配置信息并安装,如图 1-27 所示。

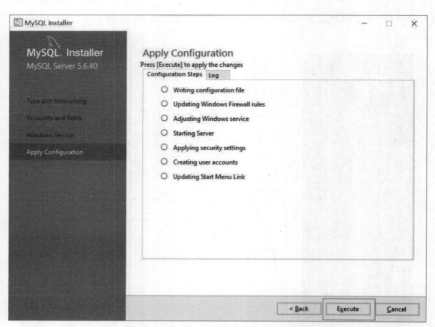

图 1-27　确定 MySQL 的配置信息并安装

1.4.2 数据库的访问

MySQL数据库安装完成后,可以参照JDK环境变量的设置方法,将MySQL安装路径下的bin目录路径写入Path环境变量中,然后打开CMD命令行窗口,输入mysql-uroot-p×××(×××为设置的root账户密码)命令,通过命令行访问MySQL,如图1-28所示。连接成功后,就可以以root账户的权限对数据库进行管理和操作。

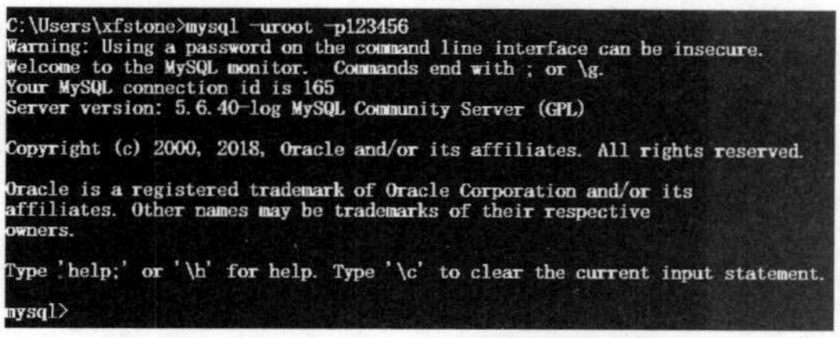

图1-28 通过命令行访问MySQL

还可以通过其他基于图形化界面的软件,访问并管理MySQL。常见的MySQL管理工具软件包括MySQL Workbench、Navicat for MySQL等。在第7章讲解JDBC的部分,还会介绍数据库的创建和数据表的相关操作,以及Web应用系统如何访问数据库。

1.5 Web项目的创建与运行

视频讲解

1.5.1 创建项目

在完成了IDE、Tomcat服务器以及数据库的安装后,Java Web项目开发集成环境已经准备就绪,可以进行Java Web应用系统的开发。下面通过例1-1讲解Java Web项目的创建。

【例1-1】 创建Java Web项目。

该项目的功能比较简单,实现在页面中显示一行Hello World的字符串信息,其具体操作步骤如下。

(1)选择Eclipse的工作空间,如图1-29所示。打开Eclipse软件后,如果是第一次使用该软件,将会弹出Select a directory as workspace对话框,可以单击Browse按钮,选择一个路径作为Eclipse的工作空间。如果工作空间不变动,就可以选中Use this as the default and do not ask again复选框,然后单击Launch按钮。

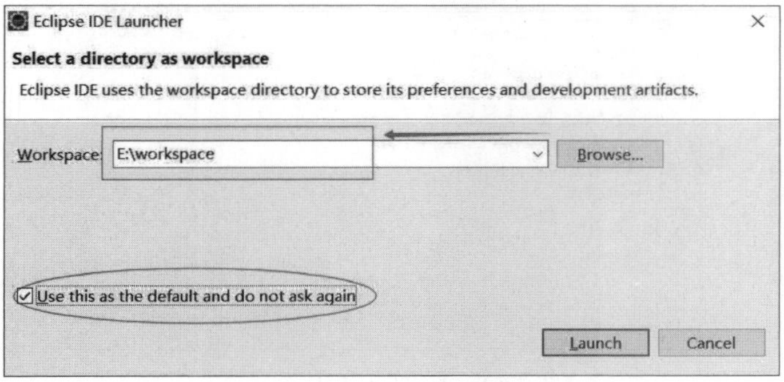

图1-29 选择Eclipse的工作空间

（2）设置 Eclipse 默认的 JRE，如图 1-30 所示。选择 Windows→Preferences 选项，在弹出的 Preferences 窗口左侧列表中选择 Java→Installed JREs 选项。在窗口右侧单击 Add 按钮，在弹出的 JRE Type 对话框中选择 Standard VM 后单击 Next 按钮，弹出 JRE Definition 对话框，在此对话框中单击 Directory 按钮，然后将 JRE home 的路径设置为 JDK 的安装目录，单击确定按钮。返回到 JRE Definition 对话框中并单击 Finish 按钮，最后在 Preferences 窗口中单击 Apply and Close 按钮即可。

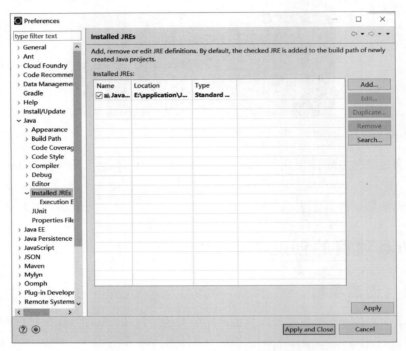

图 1-30　设置 Eclipse 默认的 JRE

（3）新建动态 Web 项目，如图 1-31 所示。选择 File→New→Project 选项，在弹出的 New Project 窗口中的 Wizards 列表中选择 Web 下的 Dynamic Web Project，单击 Next 按钮。

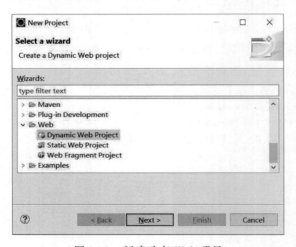

图 1-31　新建动态 Web 项目

（4）设置项目基本属性，如图 1-32 所示。在弹出的 New Dynamic Web Project 窗口的 Project name 文本框中，输入项目名称 Chapt_01。在 Dynamic web module version 下拉列表框选择 3.1。单击 Target runtime 下的 New Runtime 按钮，在弹出的 New Server Runtime Enviroment 对话框中选择 Apache Tomcat v9.0，然后单击 Next 按钮，在 Tomcat Server 文本框中输入已经安装的 Tomcat 路径，单击 Finish 按钮，返回到 New Dynamic Web Project 窗口，单击 Next 按钮。

注意，这个步骤的主要作用是将 Tomcat 服务器集成到 Eclipse 中，以后可以通过 Eclipse 开启 Web 服务器，方便项目的调试和运行。如果之前已经通过 startup.bat 开启过 Tomcat 服务器，此时可以先关闭该批处理程序及 Tomcat 服务器后再进行设置。

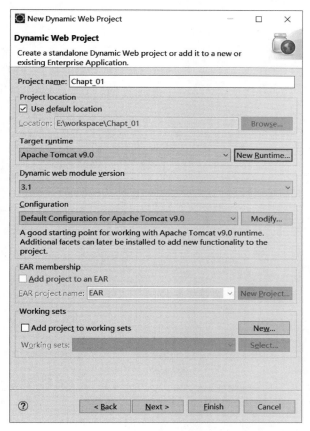

图 1-32　设置项目基本属性

（5）配置项目源文件与 classes 文件存放目录，如图 1-33 所示。在弹出的 Configure project for building a Java application 窗口中选择默认设置，然后单击 Next 按钮即可。

（6）配置项目根目录并选中 web.xml 选项。在 Web Module 窗口中选择默认的 Context root 和 Content directory 名称，同时选中 Generate web.xml deployment descriptor 复选框，即可生成 Web 项目的 XML 配置文件，然后单击 Finish 按钮，如图 1-34 所示。

（7）项目创建完成后，就在 Package Explorer 下生成了 Chapt_01 的项目目录，如图 1-35 所示。

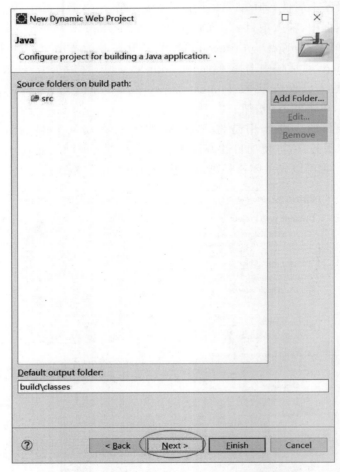

图 1-33 配置项目源文件与 classes 文件存放目录

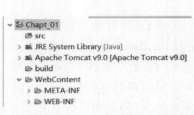

图 1-34 配置项目根目录并选中 web.xml 选项　　图 1-35 Chapt_01 的项目目录

注意，此时将项目切换到 Java 视图模式下，选择 Windows→perspective→open perspective 选项，在菜单中选择 Java 即可。

（8）新建 index.jsp 文件，如图 1-36 所示。右击 WebContent 目录，在弹出的菜单中选择 New→File→Other→Web→JSP File 选项，弹出 New JSP File 窗口，在该窗口的 File name 文本框中输入 index.jsp，然后单击 Finish 按钮。

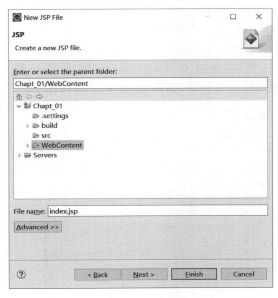

图 1-36　新建 index.jsp 文件

（9）在 index.jsp 文件中，输入代码如下：

```
<%@ page language="java" contentType="text/html; charset=UTF-8"
    pageEncoding="UTF-8"%>
<!DOCTYPE>
<html>
<head>
<meta http-equiv="Content-Type" content="text/html; charset=UTF-8">
<title>Insert title here</title>
</head>
<body>
<%
String s = "HelloWorld";
out.println(s);
%>
</body>
</html>
```

index.jsp 代码中的大部分，是由 IDE 通过 JSP 文件的模板自动生成的，开发时只需要在<body>和</body>标签体内部输入上述代码中加粗的部分。实际上，这四行代码由<%和%>标签体包裹两行 Java 代码组成。可以看到，JSP 文件是由 HTML 标签嵌入部分 Java 代码组成。

至此，一个 Java Web 项目已经创建完毕，并在该项目中创建了一个 JSP 页面。稍后可以运行该项目并访问该页面。

1.5.2 项目运行

项目代码编写完毕后，可以将项目部署到 Tomcat 服务器中并运行。由于在之前的操作步骤中，已经为 Eclipse 选择了 Tomcat 9 作为 Web 服务器，因此可以在 Eclipse 中直接开启 Tomcat 服务器，然后运行项目。具体操作步骤如下所述。

（1）配置项目 Web 服务器，如图 1-37 所示。右击 Chapt_01 项目，在弹出的菜单中选择 Run As→Run on Server 选项，弹出 Run On Server 窗口，在该窗口中选择 Tomcat v9.0 Server at localhost 作为项目的服务器，然后，单击 Finish 按钮。

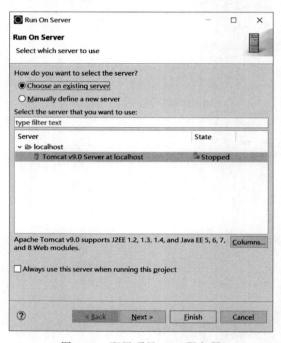

图 1-37　配置项目 Web 服务器

（2）此时 Chapt_01 项目运行成功，Eclipse 将弹出内置的浏览器，显示 index.jsp 的页面内容。也可以通过在本机中的其他浏览器中输入网址 http://localhost:8080/Chapt_01/index.jsp，来查看 Chapt_01 项目的运行结果，页面输出了一行字符串 HelloWorld，如图 1-38 所示。

图 1-38　Chapt_01 项目的运行结果

第 2 章 Java Web 应用开发基础知识

2.1 项目结构与服务器目录

视频讲解

2.1.1 Java Web 项目结构

在实际的 Java Web 项目开发中，创建项目后，Eclipse 会自动生成项目的目录结构和一些工程文件。开发者只需要在指定的目录下编写相应的代码文件即可。以第 1 章 Chapt_01 项目为例，典型的 Java Web 项目目录结构如图 2-1 所示。在 Eclipse 的 Package Explorer 视图下，项目目录主要包含 src、build、WebContent 文件夹以及项目引入的 JRE 类库和 Tomcat 服务器运行所需的 jar 包。

图 2-1 典型的 Java Web 项目目录结构

实际上，该目录结构对应着 Eclipse 的 workspace 路径下的 Chapt_01 文件夹，Chapt_01 文件夹的目录结构如图 2-2 所示。

图 2-2 Chapt_01 文件夹的目录结构

下面介绍 Java Web 项目的目录组织结构、主要文件夹以及重要文件的用途。

1. src 目录

与普通 Java 项目一样,src 目录主要用于源代码的编写。在 src 目录下可以生成不同的包,分别编写对应的 Java 类。一般在 src 目录下创建的不同包,将用于业务流程控制的 Servlet、底层数据封装对象 JavaBean,以及利用 JDBC 技术访问数据库代码的工具类等,可在对应的包中进行 Java 源代码的编写。

2. build 目录

此文件夹中的文件是 src 目录编写的类编译后的 class 文件。

3. WebContent 目录

此目录对应 Java Web 应用系统的根目录,在此目录下又有 META-INF 文件夹以及 WEB-INF 文件夹。

(1) META-INF 文件夹:该路径下的 MANIFEST.MF 文件由系统自动生成,用于系统信息的描述,一般不需要使用。

(2) WEB-INF 文件夹:该路径下包含一个名为 lib 的文件夹和一个名为 web.xml 的文件。

① lib 文件夹存放项目中外部引入的 jar 包,如用于数据库访问的驱动 jar 包。

② web.xml 是该 Web 项目的配置文件,这个文件不能随意删除,在项目开发中可以根据需求进行配置,项目启动时会首先读取该文件,并按照配置运行。

4. 其他目录

还可以根据应用系统网站的需求,生成一些目录,分别存放一些静态文件和动态网页文件。

(1) 静态文件包括静态 HTML 文件、CSS 文件以及 JavaScript 文件、图片文件等。每种类型的文件都可以在 WebContent 根路径下建立一个子文件夹并分类存放。

(2) 动态网页文件指的是 JSP 文件。其可以直接存放在 WebContent 根路径下或者子文件夹中。

2.1.2 Tomcat 服务器目录

视频讲解

当在 Eclipse 下设置 Tomcat 服务器后,会发现在 Package Explorer 下出现了一个名为 Servers 的项目,Servers 项目目录结构如图 2-3 所示。

图 2-3 Servers 项目目录结构

Servers 项目目录中的 Tomcat v9.0 Server at localhost-config 文件夹包含一些配置文件,对应着本机 Tomcat 安装路径下 conf 文件夹中的文件。Tomcat 目录结构如图 2-4 所示。

```
名称                    修改日期
bin                     2020/3/11 9:34
conf                    2020/3/28 21:29
lib                     2020/3/11 9:33
logs                    2020/3/28 21:29
temp                    2020/3/11 9:34
webapps                 2020/3/11 9:33
work                    2020/3/28 21:29
BUILDING.txt            2020/3/11 9:33
CONTRIBUTING.md         2020/3/11 9:33
LICENSE                 2020/3/11 9:33
NOTICE                  2020/3/11 9:33
README.md               2020/3/11 9:33
RELEASE-NOTES           2020/3/11 9:33
RUNNING.txt             2020/3/11 9:33
```

图 2-4 Tomcat 目录结构

1. Tomcat 主要目录及文件的用途

（1）bin 目录：存放 Tomcat 服务器的可执行脚本文件，如开启和关闭服务器的批处理程序 startup.bat 和 shutdown.bat，还有其他一些用于服务器管理的脚本程序。

（2）conf 目录：存放 Tomcat 服务器的配置信息文件。

① context.xml：指定了 Web 应用需要加载的资源及文件的配置信息。

② server.xml：服务器的主要配置文件，包含 Service、Connector、Engine、Hosts 等主要组件的配置，常见的配置如服务器的名称、默认的端口号等。根据需要，如果需要修改默认配置信息，可以通过记事本打开配置文件并进行修改。或者在 Eclipse 的 Servers 项目目录下双击配置文件，然后在右侧的编辑区域进行修改。例如，可以打开 server.xml 文件，搜索"Connector port＝8080"，可以将 Tomcat 服务器的端口号改为 8088（注意，选择的端口不要被其他应用程序占用）。每次修改文件中的配置信息，需要重启 Tomcat 服务器才能生效。此时每次访问项目时，需要将网址中的 localhost 后的端口号改为 8088。

③ tomcat-usert.xml：服务器用户的信息，可以在文件中配置用户名、密码及权限。

④ web.xml：Tomcat 服务器如何运行和处理的配置文件，如 Servlet、过滤器、监听器等 Web 组件的配置以及欢迎页面、错误页面的设置。

（3）lib 目录：存放服务器以及部署 Web 项目所需要的 jar 包。

（4）logs 目录：存放服务器的日志记录文件。

（5）temp 目录：存放服务器的临时文件。

（6）webapps 目录：当 Web 项目运行后，会在此目录下生成一个和项目名同名的文件夹，用于存放项目运行所需的文件。

（7）work 目录：服务器的工作目录，在 Web 项目运行后，当页面第一次被访问时，会被编译并保存在 work 目录下对应项目的文件夹中。

Tomcat 的配置文件可以直接通过记事本打开并进行修改，或者在 Eclipse 中双击打开，在弹出的页面右侧的编辑区域进行配置。

2. 修改项目默认部署路径

在项目运行后，在 webapps 目录下可能没有对应的项目文件夹，这是因为项目默认部署在 Eclipse 安装路径 workspace\.metadata\.plugins\org.eclipse.wst.server.core\tmp0\

wtpwebapps下了。实际上这是Eclipse对Tomcat服务器的复制,并以插件的形式运行服务器。如果想将项目默认部署路径修改为Tomcat的webapp文件夹下,那么须进行如下的操作步骤。

(1) 打开Eclipse的Servers窗口,如果没有找到Servers窗口,可依次选择Windows→show View→Other→Server→Servers选项打开该窗口。Servers窗口如图2-5所示。在Servers窗口下找到Tomcat v9.0 Server at localhost,在此下显示了之前已经部署的项目Chapt_01。

图 2-5 Servers 窗口

(2) 需要清除Tomcat已部署的项目,才可以重新选择部署路径。右击Tomcat v9.0 Server at localhost,在弹出的菜单中选择 Add and Remove 命令,在弹出的对话框中将Chapt_01项目从服务器中删除。再次右击Tomcat v9.0 Server at localhost,在弹出的菜单中选择clean命令以清除服务器信息。然后双击Tomcat v9.0 Server at localhost,弹出Tomcat服务器的Overview配置页面,如图2-6所示,即项目默认已部署在Eclipse的workspace路径下。

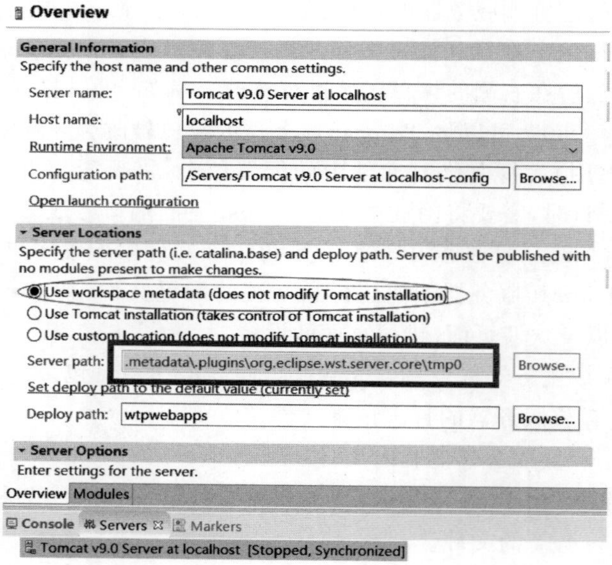

图 2-6 Tomcat 服务器的 Overview 配置页面

(3) 选择Server Locations中的Use Tomcat installation单选按钮,并在Deploy path右侧的文本框中将部署路径名称改为webapps。修改项目部署路径如图2-7所示。

(4) 关闭Tomcat服务器的Overview配置页面并保存,然后重新运行Chapt_01项目,即可在Tomcat安装路径下看到对应的项目目录。

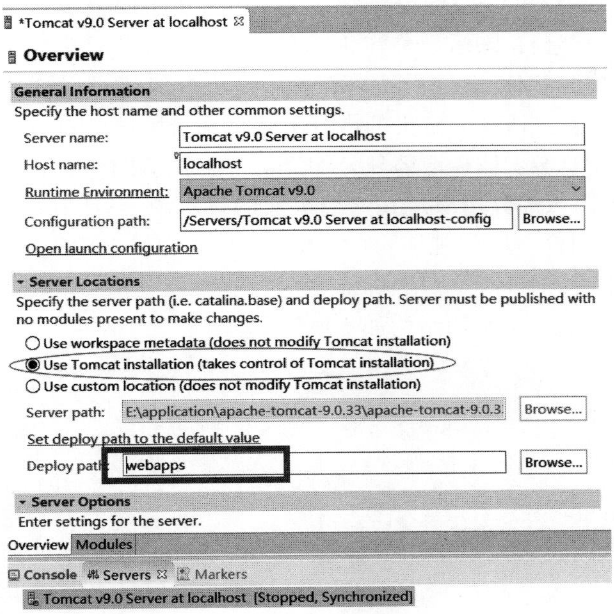

图 2-7　修改项目部署路径

2.2　页面设计基础

当用户访问 Web 应用系统网站并进行相应操作时，需要访问不同的页面。即使是嵌入了 Java 代码的 JSP 的动态页面，最终也是输出为 HTML 标签，通过浏览器解释并显示页面内容。同时浏览器还能解析 CSS(Cascading Style Sheets，层叠样式表)文件，从而使页面呈现不同的布局和显示效果。运行在客户端的 JavaScript 脚本也能提供更多的交互和动态效果，从而提高用户体验。因此本节介绍 HTML、CSS 以及 JavaScript Dom 在网页设计中的使用。

2.2.1　HTML

HTML 标准由 Web 联盟组织下的 HTML 工作组进行制定和维护，目前最新的版本为 5。下面介绍 HTML 文件结构、常用的 HTML 标签以及如何在 Eclipse 中创建并编写 HTML 文件。

1. HTML 文件结构

HTML 文件是由不同标签组成的文本文件，扩展名为.html 或者.htm。浏览器通过解析这些标签进行页面内容的显示。一个典型的 HTML 5 文件由文档说明类型声明<!DOCTYPE html><html>标记<head>标记部分以及<body>标记部分组成。

(1) <!DOCTYPE html>：该标记表明文档按照 HTML 5 新标准进行解释并显示，如果要删除，就由浏览器按照默认规则进行显示。

(2) <html>标记：该标记为 HTML 文档的根标记，表示文档的开始。该标签内部嵌入<head>标记部分以及<body>标记部分,以</html>标记作为文档的结束。

(3) <head>标记部分:该标记称作头标记。以<head>标签开始,以</head>标签结尾。该部分用来定义 HTML 文件的头部信息,在其内部还可以嵌入<title>、<meta>、<link>、<style>等标签。该部分定义的内容不会呈现给用户。

(4) <body>标记部分:该标记部分为 HTML 文件的主体部分,以<body>标签开始,以</body>标签结尾。该部分用来定义文档页面的显示内容,在其内部可以嵌入不同的标签元素,如文本段落、图像、音频、视频、区块等。用户在浏览器看到的内容都是由<body>内部嵌入的标签元素决定。

一个典型的 HTML 5 文档的结构如下所示。

```
<!DOCTYPE html>
<html>
<head>
<meta charset = "UTF-8">
<title>Insert title here</title>
<!-- 在 head 标签内部还可以插入<link>、<style>、<script>等标签 -->
</head>
<body>
<!-- 在 body 标签内部插入文本段落、图像、音频、视频、区块等标签
...
-->
</body>
</html>
```

在上述代码中,<!-- -->标记中的内容是 HTML 的注释,用于解释文档内容,注释的内容不会通过浏览器直接显示给用户,但可以通过查看 HTML 源代码看到这些注释内容。

2. 常用的 HTML 标签

HTML 标签一般是成对出现且封闭的,如<body></body>,标签基本的语法格式为<标签名 属性1="属性值1" 属性2="属性值2"...>标签内容</标签名>。例如:

```
<a href = "www.baidu.com">这是一个超链接,单击后跳转到百度首页</a>
```

也有部分空标签,如
和<hr>等可以不成对出现,基本的语法格式为
<标签名 属性1="属性值1" 属性2="属性值2">。例如:

```
<img alt = "这是一个图片" src = "a.jpg">
```

不管标签是否成对出现,在书写时,标签名以及不同属性之间需要以空格分开。

在实际开发中,需要在<head>内部的标签中对文档进行定义,以及在<body>标记中嵌入其他标签用于页面内容的显示。下面介绍一些常用标签的意义以及属性的使用方法。

1) <head>内部标签

(1) <meta>:定义页面的元数据信息。常用的属性包括 charset、name、http-equiv、content 等。

① charset:定义页面的编码格式,一般为了兼容性,选择 UTF-8。

② name：提供元数据名称，如果没有定义，就使用 http-equiv 属性值。
③ http-equiv：如果没有 name 属性，就提供元数据名称。
④ content：设置元数据的值。例如：

```
< meta http-equiv = "Content-Type" content = "text/html;charset = UTF-8" />
```

表示该页面发送的类型为 html 格式的文本，页面编码格式为 UTF-8。

（2）< title >：定义页面的标题，在< title ></ title >之间定义的名称将会显示在浏览器的标题栏上。

（3）< link >：引入外部文件，使用最多的是引入外部 CSS 文件。例如：

```
< link rel = "stylesheet" type = "text/css" href = "style.css">
```

2) 用于内容显示的标签

（1）< hn >：标题标签。n 的取值为 1～6。其中，h1 为一级标签最大，h6 最小。

（2）< br >：换行标签。在代码中直接换行，浏览器是无法直接解析并显示换行的，需要使用< br >标签表示换行。如果想在页面中实现空格的效果，必须使用   特殊字符进行显示。

（3）< hr >：横线标签。可以在页面中显示一条水平线，并通过 size、width、align 等属性设置宽度、长度以及对齐方式。

（4）< font >：字体标签。可以对标签< font ></ font >中包含的文字通过 size、face、color 等属性设置字体大小、类型及颜色。

（5）< p >：段落标签。可以在< p ></ p >标签内编写文字，用于段落显示，并通过 align 属性的值(left、right 或者 middle)设置文本对齐方式。

（6）< ul >：无序列表标签。在标签内部通过嵌入< li >标签标识无序列表项，在项目前会加上●或者■的符号。

（7）< ol >：有序列表标签。在标签内部通过嵌入< li >标签标示有序列表项，在项目前以数字进行编号。

（8）< a >：超链接标签。常用的属性是 href，表示链接的地址，可以是网站内部地址，也可以是外部网址。标签内容为超链接的显示文字。

（9）< img >：图片标签。常用属性为 src，用以标识图片的文件路径。

（10）< table >：表格标签。可以通过属性值 border 设置表格边框。在< table ></ table >标签体内部，< caption >表示表格的标题，一对< tr ></ tr >表示表格的一行，在< tr >标签内部再嵌入若干< td >标签，表示行中表格的单元列。另外，还可以通过< td >标签的 rowspan 和 colspan 属性进行表格行或者列的拆分。

（11）< form >：表单标签。表单提交是网页中最常见的功能之一，表单标签< form ></ form >中由若干表单元素构成。< form >标签常见的属性有 action 和 method。

① action 属性：其值表示表单提交后的地址。一般是处理用户表单提交的应用程序，可以是一个 servlet 或者 JSP 文件。

② method 属性：表单提交的方式，取值为 post 或者 get。

(12) <input>：表单元素标签。属性 type 的值定义不同的表单元素。常见的表单元素如下所示。

① text：文本框。文本框的内容由<input>标签的 value 属性值决定。

② password：密码框。输入的密码内容不可见，以＊号代替。

③ radio：单选框。此时<input>标签的内容为选项显示的名称，value 属性为选项对应的值，name 属性表示单选框元素名称，可以将多个单选项设置同一个 name 值，表示为一组。checked 属性表示默认的选择项目。

④ checkbox：多选框。此时<input>标签的内容为选项，name、value 和 checked 属性值和单选框的含义相同。一般也是由多个多选框组合起来使用。

⑤ reset：重置按钮。单击该按钮，将表单中的所有元素设置为默认值。

⑥ submit：提交按钮。单击该按钮，可以将表单提交。

⑦ button：普通按钮。可以通过 JavaScript 设置不同事件的响应处理函数。

(13) select：下拉框。在<select></select>标签内部嵌入若干<option>标签。<option></option>标签内容为选项值。<select>标签的 name 属性表示下拉框元素名称，size 属性表示下拉框显示数目，multiple 属性表示可以多选。

(14) <div>：区块标签。该标签可以定义文档中的一块区域，<div></div>内部可以嵌入上述若干标签，可以设置<div>区块的高度、宽度、边距等。定义区块的作用是可以将文档分成若干部分，便于页面的设计和布局。

3) 用于定义样式及动态脚本的标签

(1) <style>：定义文档样式信息。属性 type 的值为"text/css"。例如，<style type="text/css">…</style>，CSS 样式在标签内部进行定义。

(2) <script>：定义脚本文件。一般是引用 JavaScript 文件，可以直接在标签体内部定义。例如，<script type="text/javascript">…</script>，也可以通过 src 属性引入外部 JavaScript 脚本文件。

3. 在 Eclipse 中编写 HTML 文件

HTML 文件可以通过任意一款文本编辑器进行编写，然后修改文件的扩展名为.html 或.htm，就可以通过浏览器进行访问。下面介绍在 Eclipse 中编写 HTML 文件的操作步骤。

(1) 打开 Eclipse，新建一个 Dynamic Web 项目 Chapt_02，创建项目的过程参照 1.5.1 节。

(2) 右击 WebContent 目录，在弹出的菜单中选择 New→Other 选项，在弹出的对话框中选择 Web→HTML File 选项，新建 HTML 文件，如图 2-8 所示，然后单击 Next 按钮。

(3) 设置 HTML 文件的创建路径并输入名称，如图 2-9 所示。此处将新建的 HTML 文件命名为 test.html，并创建在 Chapt_02 的 WebContent 路径下，即 Chapt_02 的根目录下，然后单击 Next 按钮。

(4) 选择生成的 HTML 文件的模板，如图 2-10 所示。使用模板的好处是 Eclipse 会自动生成 HTML 文件的声明、<html>、<head>、<body>等标签，开发人员可以在模板的基础上嵌入其他需要的标签内容，从而提高开发效率。此处选择基于 HTML 5 标准的模板，然后单击 Finish 按钮。

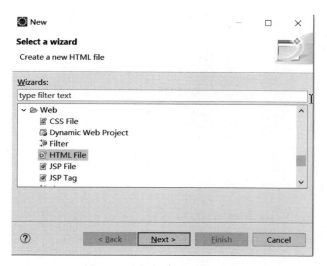

图 2-8　选择新建 HTML 文件

图 2-9　设置 HTML 文件的创建路径并输入名称

（5）完成 test.html 文件的创建后，就在 Eclipse 编辑区域自动生成了 HTML 模板代码，如图 2-11 所示。

（6）在模板的基础上，在<head>标签中定义文档的元数据，在<body>标签中插入相应标签进行页面内容的设计。完成 HTML 页面编写后，由于只是静态页面，可以直接双击文件，系统会打开浏览器，显示其页面内容。

为了更好地理解标签的使用方法，下面通过例 2-1 和例 2-2 演示 HTML 各类标签的用法。

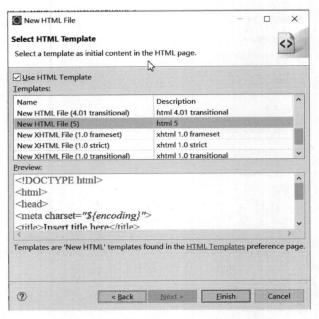

图 2-10 选择生成的 HTML 文件的模板

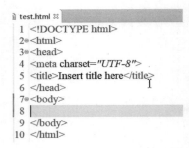

图 2-11 HTML 模板代码

【例 2-1】 使用标题、段落、字体、文本框以及表格等标签。

在项目 Chapt_02 的 WebContent 目录下,新建一个名为 test.html 的文档,代码如下:

```html
<!DOCTYPE html>
<html>
<head>
<meta charset = "UTF-8">
<title>第一个 HTML 文件</title>
</head>
<body>
    <h1>这是一级标题</h1>
    <hr align = "center" />
    <p>这是一个段落</p>
    <font size = "5">这是一个无序列表</font>
    <ul>
```

```
            <li>香蕉</li>
            <li>苹果</li>
            <li>梨</li>
        </ul>
        <font size = "5">这是一个有序列表</font>
        <ol>
            <li>香蕉</li>
            <li>苹果</li>
            <li>梨</li>
        </ol>
        <table border = "1">
            <caption>一个2行2列的表格</caption>
            <tr>
                <td>香蕉</td>
                <td>苹果</td>
            </tr>
            <tr>
                <td>梨</td>
                <td>葡萄</td>
            </tr>
        </table>
        <a href = " http://www.baidu.com ">这是一个超链接,单击后跳转到百度首页
        </a>
    </body>
</html>
```

test.html 文档显示效果如图 2-12 所示。

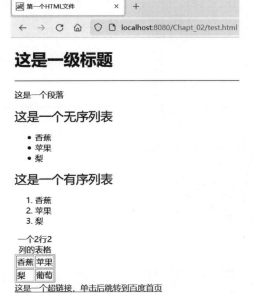

图 2-12　test.html 文档显示效果

【例 2-2】 使用表单及表单元素标签。

在项目 Chapt_02 的 WebContent 目录下，新建一个名为 test2.html 的文档，代码如下：

```html
<!DOCTYPE html>
<html>
<head>
<meta charset="UTF-8">
<title>表单演示</title>
</head>
<body>
<div>
以下为表单区域,包含在一个div内<br>
<form action="" method="post">
    用户名:<input type="text" name="username"><br>
    密   码:
    <input type="password" name="password"><br>
性别(单选):<input type="radio"name="gender"checked="checked">男 <input type="radio" name="gender">女<br>
    精通语言(多选):<input type="checkbox"checked="checked">汉语
    <input type="checkbox">英语
    <input type="checkbox">法语 <br>
    所在区域: <select>
        <option>中国</option>
        <option>美国</option>
        <option>英国</option>
      </select><br>
<input type="submit" value="提交" />
<input type="reset" value="重置" />
</form>
</div>
</body>
</html>
```

test2.html 文档显示效果如图 2-13 所示。

图 2-13 test2.html 文档显示效果

相同的页面在不同的浏览器中显示效果有所差异，这是因为不同浏览器采用的内核不同，对 HTML 元素样式的解析也略有差别。本书中的页面都是在 FireFox 浏览器中进行显示，也可以通过其他浏览器（如 IE、Google、Safari、360、搜狗等）打开并查看页面效果。

以上部分只是 HTML 中的基础内容，关于更多 HTML 标签的知识点，可以查阅

W3Cschool 网站 https://www.w3school.com.cn/html/index.asp 进行学习。

2.2.2 CSS

从 2.2.1 节 HTML 文档的显示效果来看，虽然页面中的元素都能正常显示，但是页面显得不够美观。这可以通过设置标签中的某些属性来美化显示效果。例如，table 表中的 border 可以设置边框的样式、粗细等。但如果 HTML 文件中混杂过多用于显示效果的属性，会使得页面代码量过多，难以维护。因此，在实际开发中，建议 HTML 文档只包含元素及部分必要属性，将用于显示效果的部分交给层叠样式表，即 CSS 去控制。

1. CSS 标准

CSS 标准也是由 W3C 标准化组织制定并维护的，目前最新的版本为 CSS3。CSS 样式可以针对 HTML 文档中的元素进行相关属性的设置，从而达到对页面效果的修饰。

2. CSS 语法

CSS 由元素选择器、样式声明集合组成，其中样式声明通过属性:属性值的形式表示。每个样式之间用分号隔开，形成样式声明的集合。整个样式声明的集合用花括号{}包含其中，具体格式如下所示。

选择器{属性 1:属性值;属性 2:属性值;…;属性 n:属性值;}

选择器是指定样式声明作用的页面元素对象，可以是一个具体的对象，也可以是符合条件的多个对象。常用的选择器有以下 4 种。

（1）标签选择器：直接指定某个具体元素，例如 h1{color:red;}，表示 h1 标题的字体颜色为红色。

（2）类选择器：通过.类名的形式，指定页面中具有指定 class 属性值的元素集合。例如，页面中的标题<h1>和段落<p>有相同的 class 属性值。

```
<h1 class="red">这个标题字体颜色为红色</h1>
<p class="red">这个段落字体颜色为红色</p>
```

那么可以通过.red{ color:red;}，将这两个元素的文字颜色都设置为红色。

（3）id 选择器：通过#id 的形式，指定页面中对应 id 属性值的唯一元素。

例如，页面中包含代码如下：

```
<p id="center">这个标题要居中</p>
```

注意，页面中元素的 id 值必须唯一的，因此可以通过以下语句指定段落的文字以居中显示。例如：

```
#center{text-align:center;}
```

（4）通配选择器：使用通配符 * 的形式，指定所有类型的元素。一般用于通用样式的设置。

此外，还可通过多个选择器搭配，从而形成一个组合选择器，可以更加灵活地选择指定的元素对象。

3. CSS 样式

按照 CSS 样式出现的位置,可以把 CSS 样式分为以下 3 种。

(1) 行内样式:直接在元素内部以 style 属性值设置的方式声明。例如:

```
< p style = "color:red ">这个段落字体颜色为红色</p>
```

此时 style 属性指定的样式仅适用于这一个<p>标签元素。

(2) 内部样式:在页面中通过< style type = = "text/css">…</style>标签中指定相应的 CSS 样式。

< style >标签可以放在< head >标签中,也可以放在< body >标签中。例如:

```
< style type == "text/css">
.red{ color:red;}
♯center{text – align:center;}
</style>
```

此时该样式适用于本页面中指定元素的显示。

(3) 外部样式:在页面< head >标签内部,通过< link >标签引入外部的 CSS 文件。例如:

```
< head >
< link rel = "stylesheet" type = "text/css" href = "style.css" />
</head >
```

< link >标签的 href 属性指定了外部样式表的位置。上面的语句表示该页面引用了一个当前路径下,名称为 style.css 的样式文件,而在 style.css 文件中指定相应元素的样式声明信息。可以在多个页面引用一个外部样式表,达到对不同页面中通用部分元素的样式进行设置的目的。

除以上 3 种方式外,还有一种称为导入式的方式引入 CSS,其使用较少,在此不做具体介绍。

CSS 样式可以通过多种方式对同一个页面元素进行样式的设置,此时多个 CSS 样式存在优先级,一般而言,优先级顺序为行内、内部、外部。如果有多个外部样式文件引入,则采取就近原则,由离元素最近的样式确定其显示效果。

为了更好地理解 CSS 样式在页面中的作用,下面通过例 2-3 展示 CSS 样式在页面显示效果上的作用。

【例 2-3】 使用 CSS 样式。

(1) 在 Chapt_02 项目的 WebContent 下,新建一个 test3.html,代码如下:

视频讲解

```
<!DOCTYPE html >
< html >
< head >
< meta charset = "UTF – 8">
< title >未添加 CSS 的页面</title>
</head >
< body >
```

```html
< div id = "formdiv" class = "formdiv">
< h2 >用户登录</ h2 >
< form action = "" method = "post">
用户名:< input type = "text" name = "username" class = "text">< br >
密    码：
  < input type = "password" name = "password" class = "text">< br >
  < input type = "submit" value = "提交" id = "submit" class = "button">
  < input type = "reset" value = "重置" id = "reset" class = "button">
</ form >
</ div >
</ body >
</ html >
```

test3.html 是一个登录页面,没有在元素中设置相关显示效果的属性。没有引入 CSS 样式的 test3.html 页面显示效果如图 2-14 所示。

图 2-14　没有引入 CSS 样式的 test3.html 页面显示效果

（2）在 WebContent 目录下分别新建一个名为 text4.html 和 style.css 的文件。新建 style.css 文件的操作如图 2-15 所示。

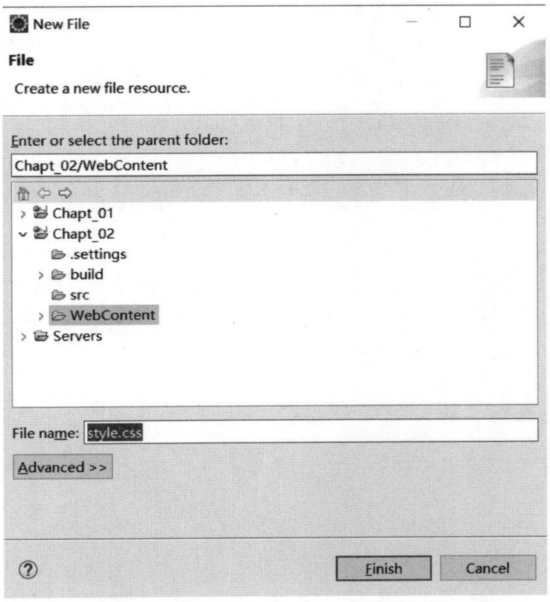

图 2-15　新建 style.css 文件的操作

test4.html 文件是在 text3.html 文件的基础之上，在<head>标签内使用<link>标签引入外部的 style.css 文件，以及使用<style>标签加入了内部 CSS 样式。另外，在<h2>标签内部，通过 style 属性，增加一个行内 CSS 样式。test4.html 代码如下：

```html
<!DOCTYPE html>
<html>
<head>
<meta charset="UTF-8">
<title>CSS 演示</title>
<!-- 引入外部样式表对元素进行设置 -->
<link rel="stylesheet" type="text/css" href="style.css"><link>
<!-- 使用内部样式表对元素进行设置 -->
<style type="text/css">
.text{
            width:300px;
            height:30px;
            margin:5px 0px;
}
.button{
            font-size:20px;
            width:100px;
}
#submit{
            margin:10px 90px 0px 0px;
}
#reset{
            margin:10px 0px 0px 0px;
}
</style>
</head>
<body>
<div id="formdiv" class="formdiv">
<!-- 使用行内样式对元素进行设置 -->
<h2 style="text-align:center;">用户登录</h2>
<form action="" method="post">
用户名：
<input type="text" id="username" name="username" class="text"/><br>
密   码：
<input type="password" id="password" name="password" class="text">
<br>
 <input type="submit" value="提交" id="submit" class="button">
 <input type="reset" value="重置" id="reset" class="button">
</form>
</div>
</body>
</html>
```

style.css 文件的代码如下：

```css
#formdiv{
    font-size:20px;
    width:300px;
    margin:0px auto;
}
```

通过 CSS 样式的控制显示，引入 CSS 样式后 test4.html 的显示效果如图 2-16 所示。

图 2-16　引入 CSS 样式后 test4.html 的显示效果

显然，引入 CSS 样式后页面整体的效果更加整齐美观。例中为了演示用法，使用了 3 种不同的 CSS 引入方式。在实际的开发中，应该遵循结构与样式分离的原则，因此建议将主要的 CSS 样式通过外部文件进行引入，同时也更容易对 CSS 样式进行维护。

本书主要是讲解 Java Web 后端服务器开发的内容，限于篇幅，CSS 部分的内容只做简单的介绍。关于更多 CSS 3 的知识，可以查阅网站 https://www.w3school.com.cn/css/index.asp 进行学习。

2.2.3　JavaScript

用户在访问 Web 应用系统时，可以通过单击鼠标或者敲击键盘来操作。例如单击浏览器后退按钮，可以回退到上一个页面。提交表单时，如果有些表单项没有填写完整，单击提交按钮，页面就会弹出对话框提示。这些操作使得用户与浏览器之间实现了更好的交互性，提高了用户的体验。而 HTML 标签和 CSS 只提供了静态的页面显示，交互性操作则需要 JavaScript 脚本来完成。

JavaScript 是一种基于对象的编程语言，目前在很多领域有着广泛的应用。本书主要讨论其作为客户端脚本语言的使用。JavaScript 可以嵌入 HTML 文件，或者以外部文件方式引入。目前主流的浏览器都包含负责解析 JavaScript 脚本文件的引擎，客户端脚本可以被正确地执行，实行相应的交互效果。

JavaScript 可以分为核心部分（ECMAScript）、文档对象模型（Document Object

Model,DOM)以及浏览器对象模型(Browser Object Model,BOM)三部分。

(1) 核心部分：描述 JavaScript 语言的基本语法和对象。

(2) DOM：描述 HTML 以及 XML 应用程序的接口。在 HTML DOM 中，HTML 文档被视作树状结构，页面中所有元素都是树中的节点，Document 对象表示整个 HTML 页面文档。在 Web 开发中，主要使用 JavaScript 中的 HTML DOM 接口对页面中的元素以及相应属性进行操作，从而形成动态交互的效果。

(3) BOM：访问浏览器对象的接口。主要包含以下对象。

① window：表示浏览器窗口。

② navigator：包含浏览器的基本信息。

③ history：包含浏览器访问的历史信息。

④ location：包含浏览器当前访问的地址信息。

⑤ screen：表示浏览器显示屏的信息。

JavaScript 脚本也可以通过行内、内部文件以及外部文件引入等方式对 HTML 文档进行操作。下面通过例 2-4 演示页面在引入外部 JavaScript 文件后，能够实现简单的表单验证。要求当表单提交时，如果有表单项未填写完整，就阻止表单提交并弹出小窗口进行信息提示。

视频讲解

【例 2-4】 利用 JavaScript 脚本实现表单验证。

(1) 在 text4.html 文档的</body>标签的上一行插入下面一行代码，表示引入当前目录下的 formcheck.js 文件。

```
<script src = "formcheck.js"></script>
```

(2) 在 WebContent 目录下新建 formcheck.js 文件，如图 2-17 所示。

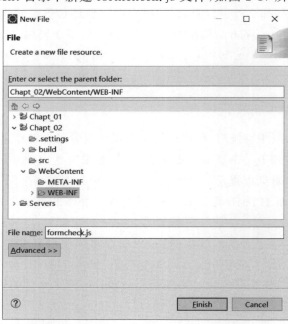

图 2-17 新建 formcheck.js 文件

formcheck.js 代码如下：

```javascript
var submit = document.getElementById("submit");
submit.onclick = function(){
    var username = document.getElementById("username").value;
    var password = document.getElementById("password").value;
    if(username.trim() == ""){
        window.alert("用户名不能为空");
        return false;
    }
    if(password.trim() == ""){
        window.alert("密码不能为空");
        return false;
    }
    return true;
}
```

代码的主要思路是使用 document 对象的 getElementById()方法，获取提交按钮对象，并绑定提交按钮的鼠标单击事件的响应函数。在该函数中，读取用户名和密码输入框中的值，判断是否为空。如果为空，就调用 window 对象的 alert()方法，进行弹窗提示。

运行 test4.html 页面，未输入用户名进行提交时弹出如图 2-18 所示的提示。

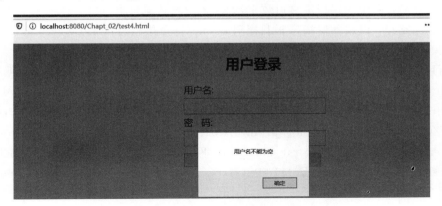

图 2-18　未输入用户名进行提交时弹出提示

未输入密码进行提交时弹出如图 2-19 所示的提示。

图 2-19　未输入密码进行提交时弹出提示

关于更多 HTML DOM 以及 JavaScript 的知识,可以查阅网站 https://www.w3school.com.cn/b.asp 进行学习。此外,JavaScript 的内容还将在第 10 章继续讨论。

2.3 Web 应用开发常用机制

每个 Web 应用系统承载和提供的业务功能与服务不尽相同,应用场景也千差万别,但所有的 Web 应用系统都是基于 HTTP,这意味着 Web 应用在运行时都有着相同的机制。本节将介绍 Web 应用系统开发中常用的机制。

2.3.1 URL 与 HTTP

视频讲解

用户在访问网站或者在页面中进行下载时,需要在浏览器中输入类似的 http://www.baidu.com 或者 Ftp://192.168.1.1:21/file 网址。这些网址被称为 URL(Uniform Resource Locator,统一资源定位符号),是运行在 Internet 上的应用程序指定位置的表示方法。一个典型的 URL 可以由以下五部分组成。

(1) 应用协议:常用的协议有 HTTP、HTTPS、FTP、MAILTO 等。

(2) 层级标记符号://标记,用于分隔协议和服务器。

(3) 服务器:可以是域名,也可以是 IP 地址,代表服务器在网络中的位置。

(4) 端口号:由服务器指定端口数字,如果采用默认端口号,可以省略。

(5) 访问路径:以服务器指定根目录开始,以/符号进行分隔,访问服务器目录中的资源(应用模块、程序、静态页面、文本文件、音频、视频等)。

在百度首页中,以 Java Web 为关键字进行搜索,此时页面的网址跳转到 https://www.baidu.com/s?ie=UTF-8&f=8&rsv_bp=1&rsv_idx=1&tn=baidu&wd=Java%20web&fenlei=256&oq=Java%2520web&rsv_pq=ed519fb000106e93&rsv_t=beeag8JIZCo9zwOh8fEfR0R5coi8Bzgzpmz8AMva39Vv22%2BpV3rQXUevzrg&rqlang=cn&rsv_enter=0&rsv_dl=tb&rsv_btype=t。网络地址虽然很长,但实际上 URL 还是由上述部分组成。该网址使用的是 HTTPS(Hyper Text Transfer Protocol over SecureSocket Layer,超文本传输安全协议)访问 www.baidu.com 服务器,此时服务器使用默认端口号,因此省略,访问服务器路径下名称为 s 的模块(实际上就是 search 搜索),而后面以"?"为起始的一长串字符,表示的是发出请求时附加的参数,参数可以有多个,以"参数名=参数值"的形式,每个参数以"&"间隔。比如第一个参数,ie=UTF-8 指的是网页以 UTF-8 为编码方式,而搜索的关键字也是作为重要参数传递的,即 oq=Java%2520web,这里的"%2520"表示空格,像空格等特殊字符在 URL 传递过程中将进行转义处理。其他一些参数也是服务器处理请求时需要的,从而通过 URL 附带参数进行传递。

上面的例子中使用的协议是 HTTPS,是在 HTTP 的基础上,采用了加密、数字证书等措施保证了在传输过程中消息的私密性,以及通信双方身份的真实性。由于需要进行额外的安全考虑,HTTPS 的工作流程比 HTTP 要复杂一些。但对于底层数据的传输,HTTPS 仍是基于 HTTP 的,因此本书以 HTTP 为例进行讲解。

那么当用户在浏览器中输入 URL 对服务器进行访问时,HTTP 是如何进行工作的呢?事实上 HTTP 属于应用层协议,它是基于传输层的 TCP(Transmission Control Protocol,

传输控制协议),是一个面向连接的协议。以下是用户通过 HTTP 对服务器进行请求并获取响应的步骤。

(1) 用户通过浏览器输入网址,浏览器程序即与服务器的 HTTP 端口号(默认为 80)建立一个 TCP 套接字连接。

(2) 通过 TCP 连接,客户端和服务器之间形成了较为稳定的传输通道,此时客户端通过不同的方式,向 Web 服务器发送一个请求报文(request)。请求报文由请求行、请求头部、空行和请求数据组成。

(3) 服务器接收请求,根据 URL 中的地址以及请求参数,去定位服务器中对应资源(可能是静态页面或者是一个动态应用程序),形成一个响应(response),并通过 TCP 套接字返还给客户端。一个响应由状态行、响应头部、空行和响应数据组成。

(4) 完成请求响应后,如果不再需要继续请求资源,则释放 TCP 连接。

(5) 客户端收到响应后,首先查看状态行的状态码。如果状态码为 200,表示成功获取响应,则根据响应头部的格式,如 text/html 格式的文本文档,交给客户端进行解析,并在浏览器中显示页面内容。如果状态码是其他数字,则按照状态码的含义在浏览器中显示相应的提示信息。

2.3.2 request 与 response

在 2.3.1 节中讨论了用户与服务器进行请求和响应的过程。其中,提到 request 是通过特定的方式发送给服务器端的,HTTP 常用的请求方法有以下 8 种。

(1) GET:向特定的资源发出请求,也可以用于表单提交。

(2) POST:一般用于向服务器提交数据,常用于表单提交。

(3) HEAD:与 GET 类似,但只返回响应头部信息,不返回响应数据。

(4) PUT:从客户端向服务器传送的数据取代指定文档的内容。

(5) DELETE:请求删除对应的资源。

(6) TRACE:收到的请求,主要用于测试。

(7) OPTIONS:返回服务器针对特定资源所支持的 HTTP 请求方法。

(8) CONNECT:连接管道服务器。

在实际开发中,使用得较多的是 GET 与 POST 方式。一般而言,GET 方式更倾向于向服务器请求页面信息,可以携带一些参数附在资源地址后面,但参数的类型和长度是受限制的,并且参数会通过 URL 直接显示在浏览器的地址栏上。而 POST 方式是以报文的形式向服务器提交数据,此时数据不会暴露在地址栏上,长度和类型不会受到限制。当用户与服务器进行通信时,如果没有敏感数据,比如只是进行查询,一般采用的是 GET 方式。而当要进行登录操作时,需要输入用户名、密码等敏感信息,基于安全考虑,应该使用 POST 方式。

当服务器返回 response 后,浏览器首先查看的是响应的状态码,根据响应成功与否来决定显示内容。根据 RFC 2616 文档的规定,HTTP response 状态码由 3 位数字组成。其中,第 1 个数字表示不同类型,主要分为以下 5 类。

(1) 1××:请求已被服务器接收,继续处理。

(2) 2××:消息已被服务器处理成功。

(3) 3××：消息被服务器重定向。

(4) 4××：请求错误。

(5) 5××：服务器错误。

每一个具体的消息代码都规定了一个描述状态的短语。例如，在实际开发中，经常遇到如下响应状态码。

(1) 200 ok：服务器处理完毕，response 将正常返回。

(2) 400 bad request：服务器无法解析处理 URL 请求资源，如参数错误。

(3) 404 not found：请求资源不存在，常见于 URL 请求的地址有误。

(4) 500 internal server error：服务器出现错误，无法处理请求，一般是服务器代码出现问题。

在开发中，可以借助浏览器的开发者工具，查看请求和响应的具体情况，从而可以很方便地进行调试。主流的浏览器都已内置了开发者工具。以刚才百度中搜索获取结果的页面为例，直接按 F12 键，就可以开启开发者工具。单击网络监视器，在消息头栏目下，可以看到在获取检索结果页面时，请求与响应的消息头，如图 2-20 所示。

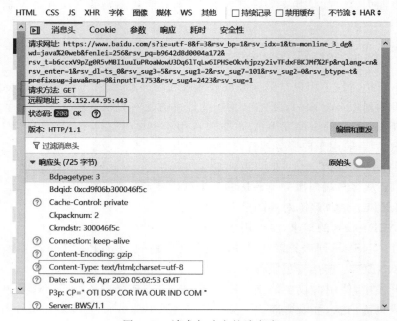

图 2-20　请求与响应的消息头

从图中可以看出，request 的请求方式为 GET，response 的状态码为 200，返回的类型是 HTML 文档类型。response 的数据部分可以通过单击"响应"按钮查看，实际上就是搜索结果的页面。

2.3.3　session 与 Cookie

在访问 Web 应用系统时，应考虑以下两个应用场景。

(1) 当用户在网站购物时，要将不同类型的商品加入购物车，而浏览不同的商品页面时，实际上是不同的 request，那么在不同页面浏览时，已选购的商品信息是通过什么方式保持在购物车中的呢？

（2）有些网站可以在登录后选择保存登录信息，在一定时间内，不用输入用户名和密码也可以登录到系统中，这种机制的原理是什么呢？

上述两种应用场景都需要对重要信息（用户身份、商品信息）在一定时间内，进行保存并识别其状态。例如，A 用户登录后，加入的商品应该加入 A 用户的购物车，而不是其他用户的购物车。那么 HTTP 是否能实现以上需求呢？

事实上，单纯依靠 HTTP 是无法实现的，因为 HTTP 是无状态的，并不能帮助 Web 应用服务器去存储以及识别不同的客户端。因此，在实际的 Web 应用系统中还需要 session 和 Cookie 两种机制。

session 正是为了解决 HTTP 无状态问题的服务器端的解决方案。session 是保存在服务器端的一个对象，可以用于页面之间数据的共享。当用户第一次访问应用后，服务器会向客户端发送一个 sessionID 作为标记，客户端浏览器将在本地记录下这个标记，在访问后续页面时，每次 HTTP request 时都会把这个 sessionID 包含在请求头中发送给服务器端，因此，服务器就能识别用户的身份了。如果需要在不同页面之间共享数据，服务器端可以开启一个 session 对象用以存储用户的相应数据信息和状态。一般为了节省服务器的资源，会设置一个 session 的注销时长，在长时间没有操作后，系统将自动注销与该客户端的 session 连接。或者当用户关闭浏览器、退出登录后，用户再次访问时，此时服务器将会分配新的 sessionID，原有的 session 相当于"消亡"了。

在 session 开启后，客户端会存储服务器分配的 sessionID，这实际上就是一个 Cookie。Cookie 是为了实现 session 跟踪而存储在本地的文本文件。在访问应用时，服务器程序以键值对（key-value）的形式设置一些文本数据，并发送给客户端存储。当客户端再访问相同服务器的页面时，都会将这些 Cookie 发送给服务器，服务器接收后可以进行处理。以上述搜索的例子，在浏览器的开发者工具中，单击 Cookie 选项卡，可以看到存储在客户端的 Cookie 值，如图 2-21 所示。

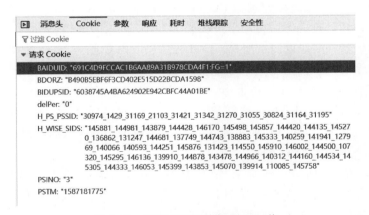

图 2-21 存储在客户端的 Cookie 值

session 一般与 Cookie 共同使用，尤其在数据共享方面。Cookie 可以较长时间地存储一些数据，由于其存储在客户端，不占用服务器端的资源，因此经常利用 Cookie 存储一些客户端的配置信息。但 Cookie 是明文存储在客户端硬盘上，存在安全方面的隐患，容易被第三方通过脚本文件进行盗取和分析。因此，不建议在 Cookie 中存储诸如密码和其他私密信息。

第3章 Servlet基础

视频讲解

3.1 Servlet 和 JSP

Web 服务器接收到 HTTP 请求,处理完毕后会向客户端返回一个 HTTP 响应。Web 服务器接收客户端的请求有两种:一种是静态页面请求,客户端请求的页面中没有动态的内容需要处理,这些静态的页面直接作为响应返回。此时只需要能够解析 HTTP 的 Web 服务器(如 Nginx、Apache、IIS 等)即可。第二种是动态请求,客户端所请求的页面,需要在服务器端委托给一些应用程序进行处理,从而形成动态页面,最后作为 HTTP 响应返回。此时需要服务器不仅能处理 HTTP,还需要具备处理这些动态请求的能力,这种服务器称作 Web 应用服务器。之前示例中使用的 Tomcat,就是能够处理 Servlet 以及 JSP 动态页面的服务器或者称之为 Java Web 容器。

Servlet 以及 JSP 页面都是运行在服务器上的程序,并能生成动态的内容返回客户端,那么二者有什么联系和区别呢?

从技术产生的先后顺序看,Servlet 技术在前,JSP 技术在后。在早期的 Web 应用系统中,动态请求是由 Web 服务器转发给 CGI(Common Gateway Interface,公共网关接口)程序进行处理的,CGI 处理完毕后将结果拼接成 HTML 格式的文档,并返还给 Web 服务器,再通过 Web 服务器将响应返回给用户。CGI 程序一般由 C、C++、Perl 或者其他脚本语言编写,但对于每一个客户端的请求,CGI 都开启一个新的进程进行处理,对于服务器而言负担较重,执行效率低。因此 Sun 公司推出了基于 Java 的 Servlet 技术,Servlet 本质上来说是一个 Java 类,可以运行在 Tomcat 这样的容器中。对于用户的请求,Servlet 以线程的形式进行处理,执行效率更高,同时功能更为强大,对于 HTML 请求数据的提取和处理、会话跟踪、Cookie 设置等都有对应的方法。

Servlet 虽然在处理请求上非常方便,但是对于响应结果的显示却仍然采用 CGI 的方法,通过代码打印输出的方式去拼接 HTML 文档,导致如果想生成较为复杂的页面,代码量将急剧增加,同时也不便于页面整体效果的展示。

因此,Sun 公司提出了 JSP 技术,采用 HTML 模板+嵌入 Java 代码以及标签的形式,能够简化响应页面输出的代码量,不过 JSP 的底层实现仍是基于 Servlet。在项目 Chapt_01 中,已经编写过第一个 JSP 页面,即 index.jsp。当项目运行时,第一次访问 index.jsp 页面后,该 JSP 页面编译为对应的 Servlet 类,如图 3-1 所示。Servlet 类存放在 Tomcat 服务器的 work 目录下,路径为\apache-tomcat-9.0.33\work\Catalina\localhost\Chapt_01\org\

apache\jsp。可以发现 index.jsp 已经被转化为一个 Java 类,同时也生成了对应 class 字节码文件,若再访问 index.jsp 页面,则直接读取字节码文件即可。

图 3-1　JSP 页面编译为对应的 Servlet 类

JSP 页面通过模板的形式方便了页面内容的输出,但如果 JSP 页面中混杂了过多的 Java 代码,将处理业务逻辑的部分都放在页面中,同样导致了代码量过大,且不利于开发人员编写和维护。因此由于两种技术各有其长处,JSP 技术的出现并没有取代 Servlet,二者可以并存合作,在开发中发挥各自的优势。

由于 Servlet 更偏向于底层的实现,因此本书先讲解 Servlet 技术的原理,然后再介绍 JSP 的使用。关于 Servlet 和 JSP 在具体开发中的使用场景,在后续章节中还会继续讨论。

3.2　Tomcat 服务器原理

在学习 Servlet 之前,先了解作为容器的 Tomcat 服务器的工作原理。

3.2.1　Tomcat 体系结构

视频讲解

Tomcat 是基于组件的 Web 应用服务器,在 2.1.2 小节介绍了 Tomcat 服务器的目录结构,在安装目录下的 conf 文件夹中,server.xml 文件是整个 Tomcat 服务器的配置文件。该配置文件给出了整个 Tomcat 服务器中各组件的设置,每个组件作为 XML 文件中的标签元素(为了方便讲解,只列出了主要的组件节点),大致结构如下:

```
< Server port = "8005" shutdown = "SHUTDOWN">
    < Listener/> … < Listener/>
    < GlobaNamingResources > … </GlobaNamingResources >
    < Service name = "Catalina">
        < Connector port = "8080" protocol = "HTTP/1.1" redirectPort = "8443"/>
        < Engine defaultHost = "localhost" name = "Catalina">
            < Host appBase = "webapps" autoDeploy = "true" name = "localhost" >
                < Context docBase = "Chapt_01" path = "/Chapt_01" reloadable = "true"
                    source = "org.eclipse.jst.jee.server:Chapt_01"/>
                < Context docBase = "Chapt_02" path = "/Chapt_02" reloadable = "true"
                    source = "org.eclipse.jst.jee.server:Chapt_02"/>
            </Host>
        </Engine>
    </Service>
</Server>
```

下面介绍 Tomcat 服务器中重要组件的作用以及相互之间的关系。

配置文件中的根节点是 Server,代表顶级服务器。该节点包含了 port="8005" shutdown= "SHUTDOWN"两个属性,表示服务器通过 8005 端口号监听和关闭 Tomcat 服务器的请求。

Server 节点包含若干个 Listener、GlobaNamingResources 和 Service 等子节点。

（1）Listener 节点。该节点表示服务器运行时状态监听的配置，主要监听服务器是否会内存泄露、线程安全以及日志等信息。

（2）GlobaNamingResources 节点。该节点表示全局资源的配置，比如指定 Tomcat 服务器用户信息，这些信息存放在 conf 目录下的 tomcat-users.xml 文件中。

（3）Service 节点。该节点表示对外提供的应用服务，至少存在一个默认名称为 Catalina 的 Service 节点。Service 节点又包含若干个 Connector 和一个 Engine 组件。

① Connector：Tomcat 服务器的核心组件。其是负责客户端交互的连接器组件，负责接收用户请求并交给 Engine 组件处理，以及将处理完毕后的响应返还给客户。可以有多个 Connector，并设置该 Connector 来接收客户请求的端口号（如默认的 8080），采用的 HTTP 版本，以及 HTTPS 转发端口号等。

② Engine：Tomcat 服务器的核心组件。其是负责处理用户请求的组件，有 defaultHost 和 name 两个属性值，其中 defaultHost 表示默认的虚拟主机名称。该组件下又包含若干 Host 元素和 Realm 元素，至少有一个 Host 元素的 name 属性和 Engine 的 defaultHost 值对应。在 Host 元素下的 Context docBase 元素则定义了一个实际的 Web 项目。Relam 元素则用于安全管理的配置，一般与 tomcat-uesrs.xml 配合使用。

对于 Server、Listener、GlobaNamingResources 等元素，如果没有特殊需要，一般不需要修改其默认配置，以免影响服务器的正常运行。

视频讲解

3.2.2　Tomcat 核心组件

Tomcat 可以根据需求，通过设置不同的监听端口配置多个 Connector，当连接器指定的端口号监听到客户端发送过来的 TCP 请求后，将分别创建一个 request 和 response 对象，然后新建一个线程，将 request 和 response 对象传送给 Engine 组件，并等待处理结果，获得响应后，将响应返还给客户端。

Engine 组件可以指定多个虚拟主机 Host 组件，Host 可以配置以下 3 个属性。

（1）appBase 属性。Web 项目的部署路径，在 2.1.2 节中设置在 webapps 路径下。

（2）autoDeploy 属性。项目是否自动部署，取值为 ture 或者 false，ture 表示自动。

（3）name 属性。虚拟主机名称，取值 localhost 表示本机，刚好对应 Engine 元素的 defaultHost 的取值。

在 Host 组件下又可以具体指定 Context 组件，实际上对应着已经在 Tomcat 服务器下运行的 Web 项目。每当有新的项目部署到服务器时，都会在 Host 组件下生成一个新的 Context 元素进行配置。例如：

```
< Context docBase = "Chapt_01" path = "/Chapt_01" reloadable = "true"
    source = "org.eclipse.jst.jee.server:Chapt_01"/>
```

说明：docBase 属性设置了 Chapt_01 项目的根目录；path 属性表示项目访问的路径，即 http://localhost:8080/Chatp_01/xxx。reloadable＝true，表示服务器会检测项目文件的变动，Tomcat 服务器在运行状态下会监视 WEB-INF/classes 和 WEB-INF/lib 目录下 class 文件的改动，如果监测到 class 文件有变动，服务器会自动重新加载 Web 应用。

Context 组件实际上就是运行 Servlet 的基础容器,当用户访问该 Web 应用项目时,所有的请求都需要到该 Context 环境(即该项目)下去寻找对应的 Servlet 类去处理。

3.3 Servlet 的编写

3.3.1 Servlet 的创建

视频讲解

在 Eclipse 中新建一个名为 Chapt_03 的动态 Web 项目,由于 Servlet 是一个 Java 类,所以需要在项目的 src 目录下建立,因此需在 src 目录下新建一个 com.test.servlet 的包。在 Eclipse 中可以通过模板来创建 Servlet。Servlet 的创建步骤如下所述。

(1) 右击 com.test.servlet 包,在弹出的菜单中选择 New→Other 菜单项,在弹出的对话框中,找到 Web 组件下的 Servlet 选项,选择新建 Servlet 类,如图 3-2 所示,单击 Next 按钮。

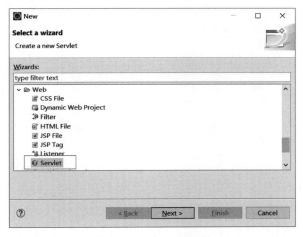

图 3-2 新建 Servlet 类

(2) Servlet 命名,如图 3-3 所示。在 Create Servlet 对话框中的 Class name 文本框中输入 FirstServlet,其他选项按照默认的即可,然后单击 Next 按钮。

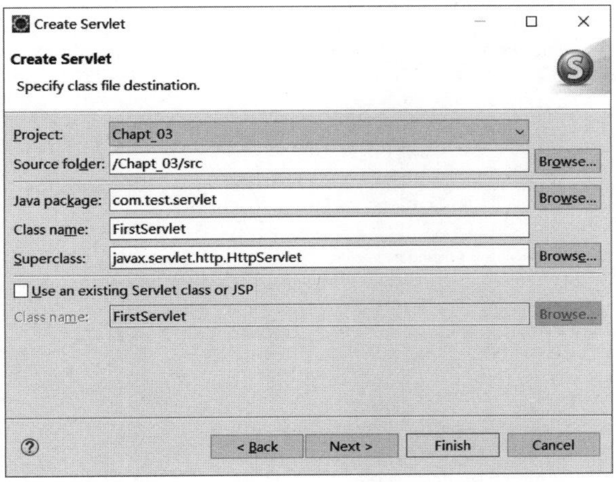

图 3-3 Servlet 命名

(3) 设置 Servlet 参数,如图 3-4 所示。在弹出的对话框中对 Servlet 的 Initialization parameters 以及 URL mappings 参数进行设置,其中 Initialization parameters 表示 Servlet 类的初始参数,URL mappings 表示访问该 Servlet 的映射路径,默认设置为/FirstServlet。如果需要设置初始参数,以及添加或者修改映射路径,就可以单击 Initialization parameters 列表或者 URL mappings 列表右边的 Add 按钮进行配置。此处先按照默认设置即可,单击 Next 按钮。

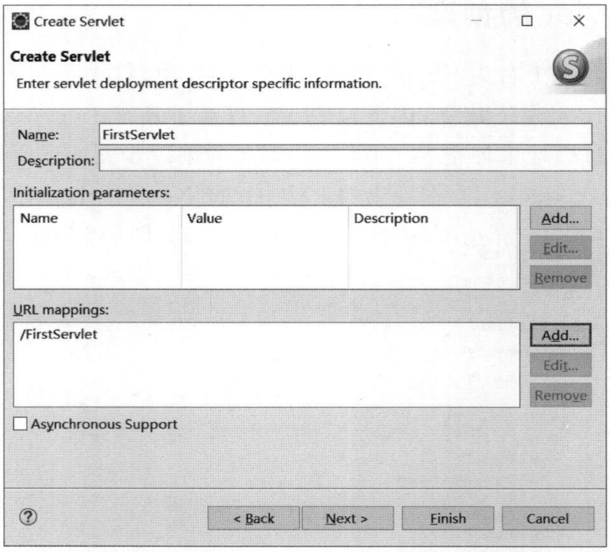

图 3-4　Servlet 参数设置

(4) 选择 Servlet 重写方法,如图 3-5 所示。在弹出的对话框中选中 FirstServlet 类需要创建的方法,模板默认会有一个父类构造器,以及继承父类的 doGet 和 doPost 方法,也可以选中其他需继承的父类抽象方法。此处采用默认配置,单击 Finish 按钮,即完成 FirstServlet 类的创建。

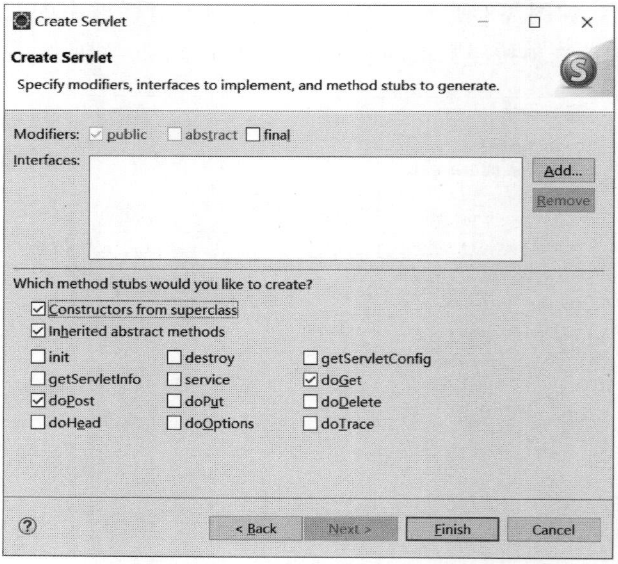

图 3-5　选择 Servlet 重写方法

此时在项目下已经生成了 FirstServlet 类，代码如下：

```java
import java.io.IOException;
import javax.servlet.ServletException;
import javax.servlet.annotation.WebServlet;
import javax.servlet.http.HttpServlet;
import javax.servlet.http.HttpServletRequest;
import javax.servlet.http.HttpServletResponse;
@WebServlet("/FirstServlet")
public class FirstServlet extends HttpServlet {
    private static final long serialVersionUID = 1L;
    public FirstServlet() {
        super();
    }
    protected void doGet(HttpServletRequest request,
    HttpServletResponse response) throws
    ServletException, IOException {
        response.getWriter().append("Served at: ").append(request.
        getContextPath());
    }
    protected void doPost(HttpServletRequest request,
    HttpServletResponse response) throws ServletException,
    IOException {
        doGet(request, response);
    }
}
```

从代码中可以看出，FirstServlet 类引入了 javax.servlet.http 包中的一些类。除了父类 HttpServlet 类以外，还包括 HttpServletRequest 以及 HttpServletResponse，分别表示请求和响应，它们的实例化对象 request 和 response 分别作为 doGet 和 doPost 方法的参数。

此外，FirstServlet 类还引入了 javax.servlet.annotation.WebServlet 类，这个类是用于注解的类，可以看到在 FirstServlet 类上包含有 @WebServlet("/FirstServlet") 的一行注解代码。这是因为在新建项目时选择的 Dynamic Web Module Version 为 3.1，因此项目采用的是 Servlet 3.1 规范，在 Servlet 3.0 以上版本中，默认是使用注解对 Servlet 进行配置。@WebServlet("/FirstServlet") 这条注解语句，其实对应了在新建 FirestServlet 时配置的 URL mapping。

如果项目选择的是 Servlet 2.5 及以下版本，就在 Servlet 新建后，需要在项目的 web.xml 配置文件的 <web-app> 节点下，编写如下代码以完成 FirstServlet 的配置。

```xml
<servlet>
    <servlet-name>FirstServlet</servlet-name>
    <servlet-class>com.test.servlet.FirstServlet</servlet-class>
</servlet>
<servlet-mapping>
    <servlet-name>FirstServlet</servlet-name>
    <url-pattern>/FirstServlet</url-pattern>
</servlet-mapping>
```

其中，servlet 节点下有 servlet-name 和 servlet-class 两个元素，其值分别对应 Servlet 设置的名称和对应的具体类；servlet-mapping 节点下有 servlet-name 和 url-pattern 两个元素，配置了 FirstServlet 的访问路径。

通过模板创建 Servlet，只需要在界面中设置参数，Eclipse 就会自动生成对应的配置信息。无论采用注解还是在 web.xml 中配置，效果都是等同的。而且相同的 Servlet 配置只能选取一种方式，重复配置将会报错。当然，也可以采用手动的方式进行编写和修改，此时需要注意对应的配置语法和格式。在本书的演示中，均采用 Servlet 3.1 规范的注解方式。

3.3.2 Servlet 的运行

在创建完 FirstServlet 后，可进行如下操作来运行 Servlet。

（1）右击 Chapt_03 项目，在弹出的菜单中选择 Run As→Run on Server，选择 Tomcat 9 服务器，单击 Finish 按钮，此时 Chapt_03 项目被部署到服务器中。

（2）打开浏览器，输入网址 http://localhost:8080/Chapt_03/FirstServlet，FirstServlet 运行效果如图 3-6 所示。

图 3-6　FirstServlet 运行效果

为什么会显示这样一行文本信息呢？实际上在访问 FirstServlet 时，Tomcat 服务器按照以下步骤进行处理。

（1）该请求中使用端口号为 8080，因此会被一直监听 8080 端口号的 Connector 组件获取。

（2）Connector 组件把请求交给 Engine 组件处理，并等待回应。

（3）Engine 查找 Host 组件，找到匹配名字为 localhost 的虚拟主机。

（4）在 localhost 主机上，查找 Context 组件，匹配到名字为 Chapt_03 的应用。

（5）根据请求路径/FirstServlet，在 Chapt_03 下查找 URL mapping 配置，找到对应的 FirstServlet 类去处理。

（6）构造 HttpServletRequest 对象和 HttpServletResponse 对象，作为参数传送给 FirstServlet 的 doGet() 方法，处理完毕后，将结果封装到 HttpServletResponse 对象中。

（7）Context 将 HttpServletResponse 响应返回给 Host。

（8）Host 将响应返回给 Engine。

（9）Engine 将响应返回给 Connector。

（10）Connector 将响应结果返回给浏览器客户端。

从以上步骤看，最终页面的显示结果是来自 FirstServlet 的 doGet() 方法，在方法体内部只有一条语句：

```
response.getWriter().append("Served at:").append(request.getContextPath());
```

说明:response 对象的 getWriter()方法获取了一个输出流对象,向客户端进行文本的输出,后面的 append()方法表示文本的追加输出,第二个 append()方法里的参数,由 request 对象通过 getContextPath()方法获取,表示请求的上下文 Context 对象路径,即/Chapt_03。因此,最终输出为 Served at:/Chapt_03。

3.3.3 Servlet 的运行机制

当 Servlet 运行后,最终也会编译成字节码文件,存放在 Tomcat 服务器对应项目目录下,FirstServlet 的字节码文件可以在 Chapt_03\WEB-INF\classes\com\test\servlet\路径下找到。那么当每次运行 Servlet 时,都会创建一个实例化对象吗?实际上在默认情况下,Servlet 是以单例多线程的形式运行的。下面通过例 3-1 演示 Servlet 运行状态。

视频讲解

【例 3-1】 Servlet 运行状态。

在 Chapt_03 项目下再新建一个名为 SecondServlet 的 Servlet 类,通过注解 @WebServlet("/SecondServlet"),设置其映射路径为/SecondServlet,然后在其构造函数和 doGet()方法中编写代码如下:

```
public SecondServlet() {
    System.out.println("SecondServlet 对象被实例化");
}
protected void doGet(HttpServletRequest request, HttpServletResponse response) throws
    ServletException, IOException {
    System.out.println("SecondServlet 对象 doGet 被执行");
}
```

注意,新建 Servlet 或者 JSP 需要重启服务器,项目重新部署后才能访问。为模拟不同客户端访问同一个 Servlet 的场景,首先通过 Firefox 浏览器访问 SecondServlet,然后观察 Eclipse 的 Console 输出内容,首次运行 SecondServlet 后的输出结果如图 3-7 所示。

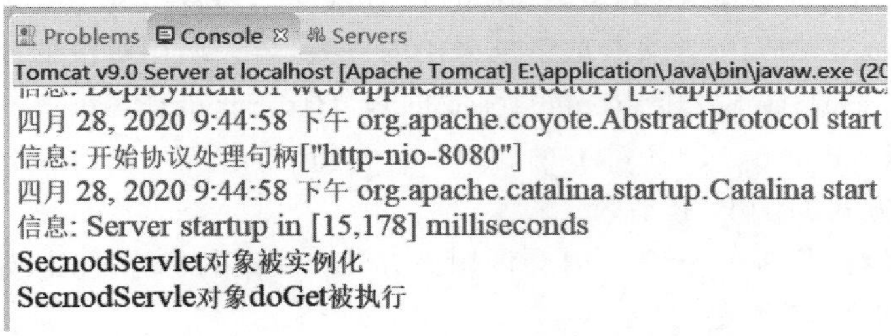

图 3-7 首次运行 SecondServlet 后的输出结果

在不关闭服务器的情况下,使用 Google 浏览器,再次访问 SecondServlet 后的输出结果如图 3-8 所示。

由此可见,只有第一次访问 Servlet 时,运行了构造函数和 doGet()方法,第二次访问只执行了 doGet()方法,因此只有第一次运行时创建了对象,再次访问时并没有再次实例化对象。

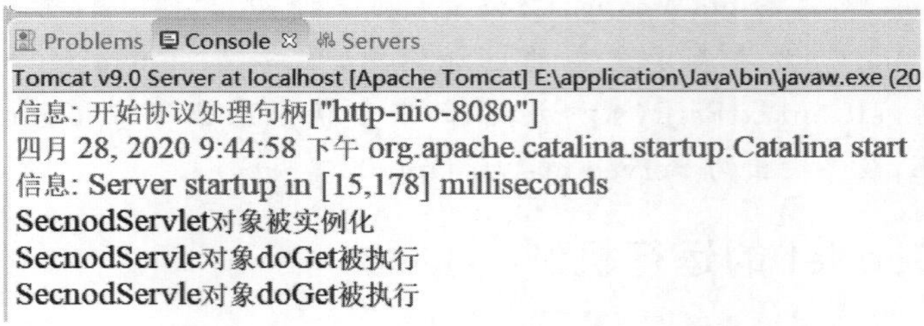

```
Problems  Console ☒  Servers
Tomcat v9.0 Server at localhost [Apache Tomcat] E:\application\Java\bin\javaw.exe (20
信息: 开始协议处理句柄["http-nio-8080"]
四月 28, 2020 9:44:58 下午 org.apache.catalina.startup.Catalina start
信息: Server startup in [15,178] milliseconds
SecnodServlet对象被实例化
SecnodServle对象doGet被执行
SecnodServle对象doGet被执行
```

图 3-8　再次访问 SecondServlet 后的输出结果

Servlet 是以多线程的方式去处理每一个请求的。即使多个用户访问同一个 Servlet 对象，服务器也会各自分配一个线程去运行 doGet()方法。

在默认情况下，由于 Servlet 采用单例模式，因此存在线程安全方面的隐患，一般不要在类中直接定义成员变量。当然也可以通过实现 SingleThreadModel 接口，让每次请求都初始化一个 Servlet 去处理，此种方式本书暂不讨论。

3.3.4　Servlet 与生命周期

1. Servlet

在利用模板新建 Servlet 类时，默认需要继承 HttpServlet 这个抽象类。HttpServlet 又是继承于 GenericServlet 这个抽象类，而 GenericServlet 抽象类又实现了 Servlet 以及 ServleConfig 两个接口。因此 Servlet 可以继承或者重写一些父类方法，这些方法将伴随着 Servlet 的整个生命周期。

(1) init(ServletConfig config)：该方法继承于 GenericServlet 类，是实现了 Servlet 接口声明的 init()方法。该方法在 Servlet 类被加载后被调用，ServletConfig 接口对象作为参数传递进来，从而可以获取一些初始化参数。如果有特殊初始参数配置方面的需求，可以重写该方法。

(2) service(HttpServletRequest request，HttpServletResponse response)：该方法根据 request 对象的 getMethod()方法获取请求采用的方式，再去调用对应的 do×××()方法。

(3) do×××(HttpServletRequest request，HttpServletResponse response)：包括 doGet()、doPost()、doPut()、doDelete()、doHead()、doTrace()、doOptions()方法。这些方法处理不同请求方式的 HTTP 请求。

(4) destroy()：当 Servlet 消亡时会调用该方法。当有特殊需求时，如需要清理某些设置及参数时可以重写该方法。

2. Servlet 生命周期

Servlet 生命周期的过程：从第一次加载时调用 init()方法，接着调用 service()方法获取请求采用的方式，然后调用对应的 do×××()方法，执行该方法完毕后返回响应的结果。当 Servlet 要消亡时(如关闭了服务器)，则调用 destroy()方法。

在实际开发中，一般只需要根据请求方式重写对应的 do×××()方法即可。其中使用最多的是 doGet()和 doPost()方法，分别用于处理 GET 和 POST 类型的请求。

3.4 Servlet 处理请求与响应

3.4.1 doGet()与doPost()方法

doGet()和 doPost()方法分别处理 GET 和 POST 两种发送方式的请求,两种方法的应用场景有所区别。

GET 方式一般针对页面及资源的请求。如访问超链接或者通过 URL 进行参数传值,以及表单默认的提交,均采用 GET 方式进行请求。

POST 方式一般用于向服务器提交数据,例如当表单 method 属性设置为 POST 时,则表单采用 POST 方式进行提交。

GET 方式传递的值直接放在请求行中,与网址内容一起进行编码。POST 传递的值则放在请求体中。

doGet()和 doPost()方法都包含 HttpServletRequest 和 HttpServletResponse 类型的参数,通过 request 对象获取请求参数,进行处理后,再利用 response 对象返回响应。在编写代码时,只需在 doGet()方法体内编写处理请求的代码即可,然后在 doPost()方法内调用 doGet()方法。

3.4.2 rqequest 基本信息的获取

request 对象提供了下面的方法用于获取请求中的一些重要信息。

(1) String getMethod()方法:获取请求方式,如 GET 或者 POST。

(2) String getRequestURI()方法:获取请求的 URI(Uniform Resource Identifier,统一资源标志符)。

(3) String getProtocol()方法:获取请求采用的协议。

(4) String getServerPort()方法:获取请求服务器端口号。

(5) String getServerName()方法:获取请求服务器的名称。

(6) String getContextPath()方法:获取请求的上下文路径。

(7) String getRemoteAddr()方法:获取发送请求的客户端 IP 地址。

以上信息在某些应用场景中需要用到,例如获取上下文路径可以用于绝对地址的拼接,而获取客户端 IP 地址则可以记录请求日志信息,甚至可以设置黑名单禁用部分 IP 地址。下面通过例 3-2 演示 request 对象基本信息的获取过程。

【例 3-2】 request 对象基本信息的获取过程。

新建一个 Servlet 类,取名为 RequestInfoServlet,通过注解 @WebServlet("/RequestInfoServlet")设置映射路径为/RequestInfoServlet,然后在 doGet()方法中编写以下代码。

视频讲解

```
protected void doGet(HttpServletRequest request,
HttpServletResponse response) throws ServletException, IOException {
String method = "method:" + request.getMethod() + "\r\n";
String protocol = "protocol:" + request.getProtocol() + "\r\n";
String servername = "servername:" + request.getServerName() + "\r\n";
```

```
        String port = "port:" + request.getServerPort() + "\r\n";
        String requestpath = "contextpath:" + request.getContextPath() + "\r\n";
        String uri = "request URI:" + request.getRequestURI() + "\r\n";
        String ipaddress = "ip address:" + request.getRemoteAddr();
        PrintWriter out = response.getWriter();
        out.append(method).append(protocol).append(servername).append(port).
        append(uri).append(requestpath).append(ipaddress);
        out.close();
    }
```

RequestInfoServlet 的 doGet()方法中使用了 request 的相应方法获取基本信息。访问 RequestInfoServlet 后，request 对象的基本信息如图 3-9 所示。

图 3-9　request 对象的基本信息

Servlet 输出时利用 response 对象使用 getWriter()或者 getOutputStream()方法以获取输出流，二者互斥不能混用。例子中使用的 PrintWriter 对象用于向客户端输出字符流，包括以下 5 个常用的方法。

（1）void print()方法：输出文本信息后不换行。

（2）void println()方法：输出文本信息后换行。

（3）void append()方法：和 print()类似，但方法可以直接追加，例 3-2 中即采用此方法，因此在相应变量后添加了\r\n 进行换行操作。

（4）void flush()方法：输出缓冲区数据，在客户端输出后清除缓冲区数据。

（5）void close()方法：关闭输出流。

3.4.3　URL 传值数据的获取

超链接是网页中常见的元素，单击超链接可以跳转到指定的 URL，该地址可以是服务器外部网址，也可以是服务器内部地址。同时超链接后面可以附带参数一同发送给服务器，从而实现页面之间信息的传递。单击超链接是通过 GET 方式提出请求，下面通过例 3-3 演示通过超链接进行 URL 传递参数以及服务器通过 Servlet 获取后再输出到客户端页面中的过程。

【例 3-3】　通过超链接进行 URL 传递参数。

（1）在项目的 WebContent 下新建一个 HTML 页面，取名为 hyperlink.html，在<body>标签体内部添加一个超链接，代码如下：

```
< a href = URLServlet?a = hello&b = world>通过超链接进行 URL 传值</a>
```

该超链接指向 URLServlet，超链接指向的 URL 后面附带两个参数，访问 hyperlink.html 页面如图 3-10 所示。

图 3-10　访问 hyperlink.html 页面

注意，超链接的 href 地址前没有加反斜杠（/），表示采用的是相对路径，访问的是/Chapt_03/路径下的 URLServlet。如果地址前加了反斜杠，就表示使用的是绝对地址，此时必须加项目路径/Chapt_03/，代码如下：

```
< a href = /Chapt_03/URLServlet?a = hello&b = world>通过超链接进行 URL 传值</a>
```

访问路径的写法是初学时容易犯错的地方，尤其是超链接的 href 属性以及表单提交的 action 的写法，如果路径有误，则页面会报 404 错误，此时应排查采用的是相对还是绝对路径。

（2）新建一个 Servlet，取名为 URLServlet，通过注解@WebServlet("/URLServlet")设置映射路径为/URLServlet，然后在 doGet()方法中编写代码如下：

```
String a = request.getParameter("a");
String b = request.getParameter("b");
PrintWriter out = response.getWriter();
out.println("parameter a:" + a);
out.println("parameter b:" + b);
```

单击 hyperlink.html 中的超链接，页面跳转到 URLServlet，获取超链接和 URL 传递的参数，如图 3-11 所示。

图 3-11　获取超链接和 URL 传递的参数

此时参数附加在 URL 后面，并出现在地址栏中，说明超链接的确是通过 GET 方式进行的请求。在 URLServlet 类的 doGet()方法中，使用了 request 对象的 getParameter (String name)方法。该方法的作用就是通过参数名来获取对应的参数值。该方法使用较为频繁，在获取表单提交的数据时也会采用。

3.4.4 表单中单值元素数据的获取

表单提交是 Web 应用中常见的功能,本节介绍 Servlet 处理表单中单一元素数据的方法。单值元素是指该表单元素提交数据给服务器时,只包含一个变量。表单中的单值元素包括文本框、密码框、单选按钮、下拉框以及多行文本框等。下面通过例 3-4 演示 Servlet 获取表单中单值元素的数据并处理的操作步骤。

【例 3-4】 Servlet 获取表单中单值元素的数据。

(1) 新建一个 HTML 页面,取名为 single.html,在 < body > 标签体内部编写一个包含上述元素的表单,代码如下:

```html
< form action = "GetSingleServlet" method = "post">
    用户名:< input type = "text" name = "username" >< br >
    密    码:
    < input type = "password" name = "password" >< br >
    性别(单选):
    < input type = "radio" name = "gender" value = "male"
    checked = "checked" >男
    < input type = "radio" name = "gender" value = "female">女< br >
    所在区域:< select name = "country">
            < option value = "China">中国</option >
            < option value = "USA">美国</option >
            < option value = "GB">英国</option >
            </select >< br >
    请输入个人信息:< br >
    < textarea name = "information" rows = "5" cols = "30"></textarea >< br >
    < input type = "submit" value = "提交" >
    < input type = "reset" value = "重置" >
</form >
```

说明:表单 action 属性的值表示表单提交后,所有元素数据由 GetSingleServlet 处理,注意此时采用的是相对路径的写法;method 属性的值表示提交方式,默认为 GET 方式,本例使用 POST 方式进行提交。

(2) 新建 GetSingleServlet,通过注解@WebServlet("/GetSingleServlet")设置映射路径为/GetSingleServlet,在 doGet()方法中的代码如下:

```java
String username = request.getParameter("username");
String password = request.getParameter("password");
String gender = request.getParameter("gender");
String country = request.getParameter("country");
String information = request.getParameter("information");
PrintWriter out = response.getWriter();
out.println("username:" + username);
out.println("password:" + password);
out.println("gender:" + gender);
out.println("country:" + country);
out.println("information:" + information);
```

与获取 URL 传值方式一样,使用 request 对象的 getParameter()方法,以表单中 input 元素的 name 属性为参数,获取 input 元素的 value 属性值,从而得到表单元素提交的数据。

(3)打开浏览器访问 single.html 并填写表单数据,如图 3-12 所示。

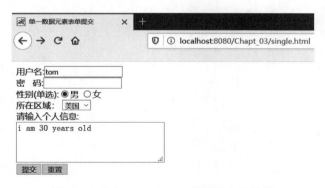

图 3-12　访问 single.html 并填写表单数据

单击"提交"按钮将表单数据提交给 GetSingleServlet 处理,获取单值元素并输出到页面,如图 3-13 所示。

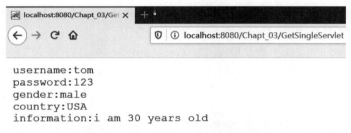

图 3-13　获取单值元素并输出到页面

3.4.5　表单中多值元素数据的获取

表单中如果有多个元素的 name 属性值相同,当表单提交时,这些同名元素将以数组的形式向服务器发送数据,这样的元素称为多值元素。典型的多值元素包括复选框、多选列表框以及其他同名元素组合。下面通过例 3-5 演示 Servlet 获取表单中多值元素的数据并处理的操作步骤。

【例 3-5】　Servlet 获取表单中多值元素的数据并处理。

(1)新建一个 HTML 页面,取名为 multiple.html,在<body>标签体内部编写一个包含上述元素的表单,代码如下:

视频讲解

```
< form action = "GetMultipleServlet" method = "post">
    勾选你的兴趣爱好(可多选):< br>
    < input name = "hobbies" type = "checkbox" value = "reading">阅读
    < input name = "hobbies" type = "checkbox" value = "dancing">跳舞
    < input name = "hobbies" type = "checkbox" value = "singing">唱歌
    < input name = "hobbies" type = "checkbox" value = "sport">运动< br>
```

```html
        选择精通的语言(可多选):<br>
        <select name = "languages" multiple>
            <option value = "Chinese">汉语</option>
            <option value = "English">英语</option>
            <option value = "French">法语</option>
            <option value = "Russian">俄语</option>
        </select><br>
        填写你擅长的其他技能:<br>
        技能 1:<input type = "text" name = "skills"><br>
        技能 2:<input type = "text" name = "skills"><br>
        技能 3:<input type = "text" name = "skills"><br>
        <input type = "submit" value = "提交">
        <input type = "reset" value = "重置">
    </form>
```

说明：multiple.html 页面中的下拉框<select>有一个属性 multiple,表示这个下拉框和 CheckBox 一样,可以多选。另外还有 3 个 name 属性值都是 skills 的文本框,这是一个文本框的组合。表单提交方式为 POST,提交给 GetMultipleServlet 去处理。

由于多选框、多选下拉列表和组合文本框的 value 取值有多个,因此需要采用 request 对象的 getParameterValues()方法,参数仍然是这些多值元素的 name 属性值,但该方法返回的不再是单一的字符串,而是一个 String 类型的数组。

(2) 新建一个 Servlet 类,取名为 GetMultipleServlet,通过注解 @WebServlet("/GetMultipleServlet")设置映射路径为/GetMultipleServlet,在 doGet()方法中编写代码如下:

```java
String[] hobbies = request.getParameterValues("hobbies");
String[] languages = request.getParameterValues("languages");
String[] skills = request.getParameterValues("skills");
PrintWriter out = response.getWriter();
out.println("your hobbies include:");
for(int i = 0;i < hobbies.length;i++) {
    out.println(hobbies[i]);
}
out.println();
out.println("you can speak:");
for(int i = 0;i < languages.length;i++) {
    out.println(languages[i]);
}
out.println();
out.println("your skills include:");
for(int i = 0;i < skills.length;i++) {
    out.println(skills[i]);
}
```

以上代码通过 getParameterValues()方法获取多值元素数据,通过 for 循环将数组中的信息输出到客户端。

（3）打开浏览器，访问 multiple.html 页面并填写表单数据，如图 3-14 所示。

图 3-14　访问 multiple.html 页面并填写表单数据

单击"提交"按钮，将表单数据提交给 GetMultipleServlet 处理，获取多值元素并输出到页面，如图 3-15 所示。

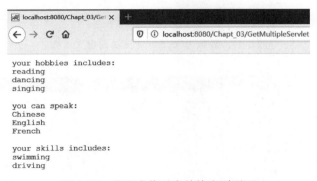

图 3-15　获取多值元素并输出到页面

3.5　中文传输乱码问题

例 3-4 演示了 Servlet 处理表单的操作，URL 传值以及表单提交的数据都是英文和数值。如果提交的表单数据是中文，那么是否能正确显示呢？重新访问 single.html 页面，表单输入中文数据并提交，如图 3-16 所示。

跳转到 Servlet 处理后，获取 POST 方式提交的中文参数，如图 3-17 所示，此时出现了中文参数乱码问题。

如果提交方式为 GET，是否也会有这个问题呢？修改 single.html 中 form 的 action 属性，修改为 GET 并重新提交。跳转到 Servlet 处理后，获取 GET 方式提交的中文参数如图 3-18 所示，同样出现了中文参数乱码问题。

实际上，这个例子中的参数是由客户端发出 request，到服务器由 Servlet 处理，然后 response 输出到客户端显示的。之所以出现乱码，是由于中文参数在 request、response 以

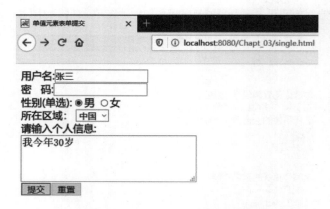

图 3-16　表单输入中文数据并提交

图 3-17　获取 POST 方式提交的中文参数

图 3-18　获取 GET 方式提交的中文参数

及最终客户端浏览器编码的方式不同而造成的。

3.5.1　请求参数编码

下面分 GET 和 POST 两种方式讨论请求参数的编码问题。

1. GET 方式

其传递的参数是放在 HTTP 请求行中,并与网址内容一起进行编码后,再传递给服务器进行处理。在 Tomcat 服务器中有一个名为 URICoding 的参数,即用于指定其请求地址的编码方式。在 Tomcat 8 以上版本中,这个参数的默认值是 UTF-8,由于 UTF-8 编码支持中文,因此通过 GET 方式传递参数到服务器并输出就不会出现乱码的情况。在 GetSingleServlet 中添加如下代码,用于输出 request 传递参数到服务器后的内容。

```
System.out.println(username);
System.out.println(information);
```

重新提交表单，在 Console 中可以看到中文参数显示正常且没有乱码。中文参数通过 GET 方式传递到服务器的效果，如图 3-19 所示。

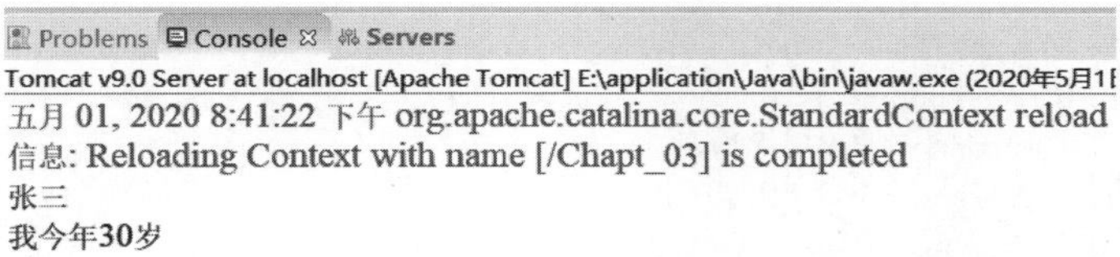

图 3-19　中文参数通过 GET 方式传递到服务器的效果

在 Tomcat 7 及以下版本中，这个参数默认为 ISO8859-1，这可以通过修改 server.xml 文件中的 Connector 组件部分的配置来进行修改默认。其代码如下：

```
< Connector connectionTimeout = "20000" port = "8080"
protocol = "HTTP/1.1" redirectPort = "8443" URIEncoding = "UTF - 8" />
```

如果不修改服务器的 URICoding 编码方式，就需要对 GET 方式传递的每个参数都单独转换编码格式，例如：

```
String username = new String(request.getParameter("username").
                getBytes("ISO - 8859 - 1"), "UTF - 8");
```

2. POST 方式

将表单提交方式修改为 POST 方式，重新提交表单，利用 Console 进行观察，发现出现了中文乱码。中文参数通过 POST 方式传递到服务器的效果如图 3-20 所示。

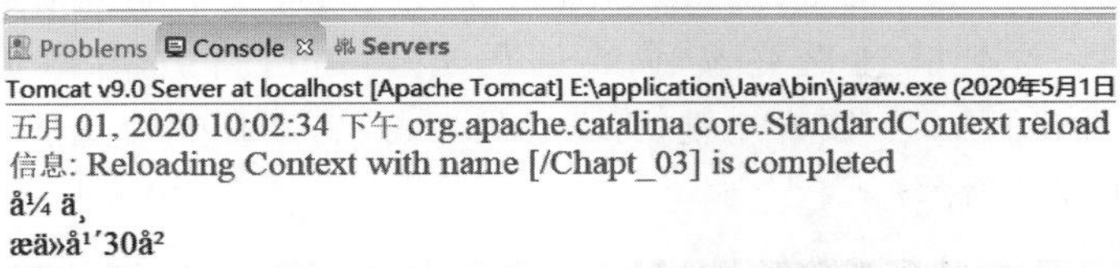

图 3-20　中文参数通过 POST 方式传递到服务器的效果

由于通过 POST 方式提交的数据是存放在 HTTP 的请求体中的，而服务器对 POST 请求的数据编码的默认方式不是 UTF-8，因此会在服务器端出现中文乱码。为此可以重新指定服务器对请求体的编码方式来避免上述问题，修改 GetSingleServlet 类的代码，在使用 getParameter()方法获取参数前，加上如下一行代码，用于指定 POST 方式提交参数的编码格式。

```
request.setCharacterEncoding("UTF - 8");
```

再重新提交表单后，后台输出中文参数为正常。

3.5.2　响应编码

当 Servlet 处理完毕后，通过 response 对象进行中文的输出时，服务器也有默认的编码方式，可以通过 response.getCharacterEncoding()方法获取,同时也提供了 setCharacterEncoding()方法用于更改编码方式。在 GetSingleServlet 类中,添加代码如下:

```
//获取 response 默认编码
System.out.println(response.getCharacterEncoding());
//设置 Tomcat 的 response 编码方式为 UTF-8
response.setCharacterEncoding("UTF-8");
//查看修改后的 response 编码方式
System.out.println(response.getCharacterEncoding());
```

注意,修改编码方式的语句需要放在执行输出的语句之前。重新提交表单,在 Console 中观察 response 编码方式的输出结果,如图 3-21 所示。

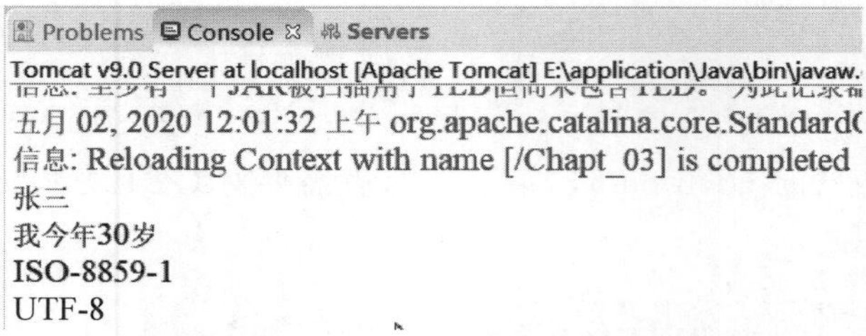

图 3-21 response 编码方式的输出结果

3.5.3 客户端编码

在修改了 response 编码方式后,中文输出是否不再乱码呢?然而在查看页面后发现,仍然是乱码。这是因为 setCharacterEncoding()方法只是设定了响应信息的编码格式,但输出到客户端时,文本信息最终显示的编码方式是由客户端浏览器决定的。在 GetSingleServlet 输出页面下,按 F12 键,打开开发者工具,在控制台选项卡下,查看中文乱码提示信息,如图 3-22 所示。

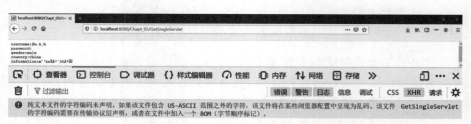

图 3-22 中文乱码提示信息

因此当要输出中文时,还要告诉浏览器以何种编码方式进行显示。可以使用 response 的 setHeader()或者 setContentType()方法设置响应输出的信息类型以及编码方式。再次修改 GetSingleServlet 类的代码,在输出语句前添加代码如下:

```
response.setHeader("Content-type","text/plain;charset=UTF-8");
```

或者添加代码如下：

```
response.setContentType("text/plain;charset = UTF - 8").
```

这两句代码的作用相同，都是通过设置 HTTP response 响应头的方式告诉客户端浏览器：输出信息的格式是纯文本类型，编码方式采用 UTF-8。重新提交表单，修改响应头后中文输出正常，如图 3-23 所示。

图 3-23　修改响应头后中文输出正常

setContentType() 方法的第一个参数是指定访问资源的类型，比如 text/html 表示 HTML 格式，image/gif 表示 GIF 格式的图片，而 application/pdf 表示 PDF 格式。关于资源类型代码，可以查询 https://www.w3cschool.cn/http/ahkmgfmz.html。

setHeader() 方法能够设置 HTTP 响应的很多参数，非常实用，在后续章节中还会介绍其用法。

3.6　Servlet 生成 HTML 页面

在上述的例子中，Servlet 的响应都是输出普通的文本类型的字符串，页面输出的是纯文本信息。那么如何通过 Servlet 输出一个由 HTML 元素组成的页面呢？下面通过例 3-6 来演示使用 Servlet 输出 10 以内的加法表格的操作步骤。

【例 3-6】　使用 Servlet 输出 10 以内的加法表格。

（1）新建一个 Servlet，取名为 HtmlServlet，通过注解 @WebServlet("/HtmlServlet") 设置映射路径为/HtmlServlet，在其 doGet() 方法中编写代码如下：

视频讲解

```
PrintWriter out = response.getWriter();
out.println("< html >< head >");
out.println("< style type = 'text/css'>");        //引入内嵌 CSS 样式
out.println("table{border - collapse:collapse;}");  //设置表格为单一边框
out.println("td{border:1px solid black;}");       //单元格边框黑色实线宽度 1px
out.println("</style ></head >");
out.println("< body >< table >");
for(int i = 1;i <= 9;i++) {                       //for 循环语句输出包含加法算式的单元格
    out.println("< tr >");
    for(int j = 1;j <= i;j++) {
        int add1 = i - j + 1;
        int add2 = j;
        int sum = add1 + add2;
```

```
            out.println("<td>" + add1 + "+" + add2 + "=" + sum + "</td>");
        }
        out.println("</tr>");
    }
    out.println("</table></body></html>");
```

（2）访问 HtmlServlet，Servelt 输出加法表格的效果如图 3-24 所示。

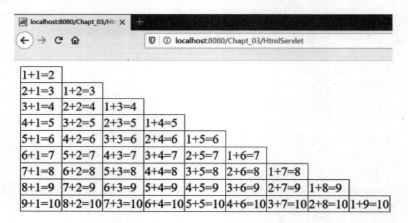

图 3-24　Servlet 输出加法表格的效果

从上面的例子可以看出，Servlet 通过输出流的方式可以逐句生成 HTML 标签以及 CSS 样式，从而生成动态页面。这种方式过于低效，相对于 JSP 页面，而 Servlet 的优势在于业务逻辑的处理。在后续章节学习完 JSP 后，可以结合 Servlet 和 JSP 技术共同开发。

第 4 章 Servlet 进阶

4.1 请求转发与重定向

在前面章节的例子中，当客户端发送请求，提交给 Servlet 进行处理后，直接将响应结果通过输出流返回客户端。在实际开发中，Servlet 收到请求并进行业务处理后，可以有下面两个选择。

（1）如果还需要其他后续业务流程的处理，可以将这个请求转发给另一个处理业务逻辑的 Servlet。

（2）如果 Servlet 已经处理完毕，可以直接将响应的结果传递给一个用于信息输出的 JSP 页面。

以上应用场景就涉及 request forward（请求的转发）与 redirect（重定向）。

4.1.1 请求转发

所谓请求转发，就是将请求的处理转发给另外一个程序（Servlet/JSP，或者其他应用接口）去处理，属于服务器内部资源的重新分配。请求转发需要使用 request 的 getRequestDispatcher (String uri)方法。其中，参数 uri 表示要转发的地址，必须是 Web 应用内部的一个可访问的资源，一般是另外一个 Servlet 或者 JSP 页面，但不能是外部网址。执行该方法可以获得一个用于转发的 RequestDispatcher 对象，RequestDispatcher 包含如下两个方法。

1. forward(ServletRequest request，ServletResponse response)

forward()方法表示 Servlet 请求直接转发，前一个 Servlet 执行该方法后，将 request 以及 response 的 header（头部）部分移交给后面的参数 uri 去执行。forward()方法是"传头不传体"，即前一个 Servlet 的 response header 部分的设置有效，而 body（响应体）部分的语句失效。并且一旦执行了 forward()方法，在该方法后面的其他语句就不起作用。

2. include(ServletRequest request，ServletResponse response)

include()方法表示 Servlet 请求包含转发，执行了该方法后，相当于将后面一个类的代码插入到 include 之后，然后继续执行第一个 Servlet 的后续语句。include()方法是"头体皆传"，前一个 Servlet 的 request 和 response（包括头部和响应体部分）和后面的 uri 部分的代码合并执行。

在请求转发的过程中，如果需要进行数据的传递，就可以在转发前设置属性并存储在 request 中，然后在转发后的 Servlet 或 JSP 页面中读取。request 对象使用下面两个方法用于属性的设置和读取。

(1) request.setAttribute(String name,Object obj)：在请求中设置属性，方法的第一个参数是属性名称，第二个是属性对象，注意这是一个 Object 类型，即可以在请求范围内设置一个任意类型的属性。

(2) request.getAttribute(String name)：获取 request 范围内对应名称的属性。

下面通过例 4-1 来演示请求转发过程中 request、response 的运行以及数据的设置和读取。

【例 4-1】 使用请求转发进行数据的设置与读取。

假设有一个注册页面需要用户选择区域，表单提交给第一个 Servlet，该 Servlet 根据其选择的区域，转发请求给处理注册请求的第二个 Servlet。

(1) 测试 forward() 方法。

① 首先新建一个 Web 应用项目，取名为 Chapt_04，在该项目下的 WebContent 目录下新建一个 HTML 页面，取名为 register.html，在 <body> 标签体编写一个表单，以 POST 方式提交给 FirstServlet，代码如下：

```
<form action = "FirstServlet" method = "post">
用户名:<input type = "text" name = "username"><br>
密   码：
<input type = "password" name = "password"><br>
所在区域：<select name = "country">
          <option value = "中国">中国</option>
          <option value = "美国">美国</option>
          <option value = "英国">英国</option>
        </select><br>
<input type = "submit" value = "提交">
<input type = "reset" value = "重置">
</form>
```

② 在项目的 src 目录下，新建一个名为 com.test.Servlet 包，在该包中新建一个 Servlet，取名为 FirstServlet，利用注解 @WebServlet("/FirstServlet") 设置其映射路径为 /FirstServlet，然后在 doGet() 方法体内编写代码如下：

```
request.setCharacterEncoding("UTF-8");
response.setCharacterEncoding("UTF-8");
response.setHeader("Content-type","text/plain;charset = UTF-8");
String message;
PrintWriter out = response.getWriter();
String country = request.getParameter("country");
if(country.equals("中国")) {
message = "这是一个中国的用户";
request.setAttribute("message",message);
out.println("FirstServlet 已经处理完毕,可以转发");
//获得用于转发的 RequestDispatcher 对象
RequestDispatcher rd = request.getRequestDispatcher("SecondServlet");
rd.forward(request, response);
```

视频讲解

```
request.setAttribute("num",1);
out.println("FirstServlet 请求已经被转发");
}
```

FirstServlet 的作用是根据表单提交的区域进行转发。此处只编写了选择地区为中国的情况，还可以为其他地区编写相应的 Servlet 进行转发，此处仅做演示，故省略。代码前三行是设置请求参数和响应的编码方式以及响应的信息类型，目的是防止中文乱码。在这个 Servlet 中通过 setAttribute() 方法在 request 设置了一个 message 属性，然后通过 forward() 方法转发给 SecondServlet。

注意，此时路径的写法，由于请求转发只针对服务器内部资源，因此默认下是在/Chapt_03/路径下去寻找 Servlet 或者 JSP。此时，在参数 uri 前面加不加反斜杠(/)，其效果都是一样的，而不是像 form 表单提交时，反斜杠表示采用绝对路径。

在 forward() 方法执行后，还编写了设置 num 属性和输出两条语句，这是为了测试在请求转发后的语句是否能继续运行。

③ 新建一个名为 SecondServlet 的 Servlet，利用注解@WebServlet("/SecondServlet") 设置其映射路径为/SecondServlet，在 doGet() 方法体内编写代码如下：

```
String username = request.getParameter("username");
String password = request.getParameter("password");
String message = (String)request.getAttribute("message");
String num = (String)request.getAttribute("num");
PrintWriter out = response.getWriter();
out.println("SecondServlet 接收转发请求");
out.println("接收表单的参数");
out.println("姓名：" + username + ",密码：" + password);
out.println("获取 FirstServlet 转发前设置的属性 message 的值："
 + message);
out.println("获取 FirstServlet 转发后设置的属性 num 的值：" + num);
```

SecondServlet 类的作用是测试通过请求转发能否获取表单数据，以及通过 getAttribute() 方法获取在 FirstServlet 中设置的属性值。

④ 在 Tomcat 中部署并运行 Chapt_04 项目，访问 register.html 页面并填写表单信息，如图 4-1 所示。

图 4-1　访问 register.html 页面并填写表单信息

提交表单后，使用 forward() 方法的输出内容如图 4-2 所示。

可以看到表单提交的参数由 FirstServlet 转发给了 SecondServlet，而在 request 中设置

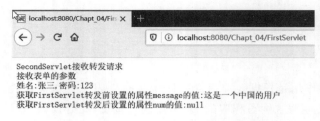

图 4-2 使用 forward()方法的输出内容

的属性也能够获取。但 FirstServlet 在 forward()方法执行后的语句没有被执行,实际上 FirstServlet 的响应输出语句,即 response body 部分都没有被执行。虽然页面的输出内容大部分由 SecondServlet 来完成,但此时浏览器显示的地址仍然是 FirstServlet,这是因为对于客户端浏览器而言,它自始至终只进行了一次请求,并由 FirstServlet 进行处理,客户端并没有直接请求 SecondServlet,而页面会执行 SecondServlet 的代码是由于服务器内部进行了请求转发的效果。

注意,forward()方法虽然不会转发 FirstServlet 的 response body,但 response header 部分的设置仍然是有效的。可以注释掉 FirstServlet 代码中的 response.setHeader ("Content-type","text/plain;charset=UTF-8")语句,此时页面将会出现中文乱码,说明 forward()方法的确是"传头不传体"。

(2) 测试 include()方法。

将 FirstServlet 的请求转发修改为 include()方法,重新提交表单,使用 include()方法的页面输出内容如图 4-3 所示。

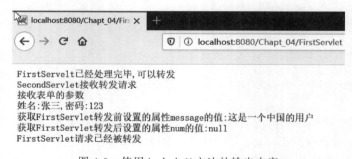

图 4-3 使用 include()方法的输出内容

可以看到地址栏仍然是 FirstServlet,请求转发的表单数据以及设置的属性除了 num 以外,基本都读取成功。页面的输出结果实际上是由 FirstServlet 和 SecondServlet 共同完成的。由此说明,include()方法确实是将 response 的 header 和 body 部分都进行了转发,即使有些语句是在方法执行之后。但为什么 num 值没有获取到呢?这是因为代码是按照 include()方法执行前的 FirstServlet 代码→SecondServlet 代码→FirstServlet 剩余代码顺序执行的。

当 include()方法被执行后,SecondServlet 的语句马上插入到 include()方法之后并被执行,此时 num 的值还没有在 FirstServlet 中设置。因此,SecondServlet 中用 getAttribute()方法获取 num 当然是 null。在 SecondServlet 代码执行完毕后,再接着执行 FirstServlet 剩余的语句,此时再设置 num 已经没有意义了,而最后一条信息的输出也确实是由 FirstServlet 发出的。因此,如果想要读取 request 中设置的属性,应该在使用 include()或 forward()方法之前设置。

以上例子只演示了一次转发的效果,事实上请求转发可以在多个 Servlet 或者 JSP 之间进行,并通过属性的设置和读取共享数据。读者可以在课后自行练习。

4.1.2 重定向

请求转发虽然可以输出不同 URI 的内容,但是浏览器的地址栏始终显示的是第一个请求的网址,客户端无法确定此时页面到底执行的是哪个程序,在刷新页面的时候,会重复执行不需要的操作。例如,在表单中输入金额进行充值,提交给 Servlet 处理,如果采用了请求转发,最终操作成功后页面的地址仍停留在表单提交处理的 Servlet 上,若刷新页面,则可能会导致重复充值。比较合理的处理方式是,在充值成功后须重新定向到一个新的页面。这就需要用到重定向。

不同于请求转发,重定向的处理流程分为以下 3 步。

(1) 客户端的请求发送给 Servlet,Servlet 用于处理业务逻辑。

(2) Servlet 将要跳转页面的 URI 封装在响应头中,然后发送给客户端。

(3) 客户端收到 Servlet 的响应后,重新向服务器发送一个请求,用于获取重定向之后的页面。

在例 4-1 中,可以看到无论转发多少次请求并获得最终的响应,对于客户端而言,它仅对服务器进行了一次请求。而重定向不一样,客户端会向服务器发送两次请求。重定向地址可以是服务器内部地址,也可以是服务器外部的地址,例如可以直接跳转到百度页面。

可以使用下面两种方式进行重定向。

(1) 通过设置响应的状态码和要重定向的 URL 地址,采用下面两行代码。

```
response.setStatus(302);
response.setHeader("Location","URL");
```

(2) 直接使用 response.sendRedirect(URL)语句。

注意,URL 的路径有以下两种情况。

① 如果重定向的是外部地址,则需要完整的 URL,比如 response.sendRedirect("https://www.baidu.com")。

② 如果重定向到内部地址,就可以使用相对地址或者绝对地址。加反斜杠表示采用绝对路径,此时需要加上项目名称。这可以通过 request.getContextPath()方法获取。

在例 4-1 的基础上,通过例 4-2 来演示重定向的使用方法。

【例 4-2】 重定向。

将例 4-1 中的 FirstServlet 请求转发的代码注释掉,改为直接重定向到 SecondServlet。重新编写 FirstServlet 中 if 语句体内部的代码如下:

视频讲解

```
if(country.equals("中国")) {
message = "这是一个中国的用户";
request.setAttribute("message",message);
out.println("FirstServelt 已经处理完毕,可以转发");
```

```
response.sendRedirect("SecondServlet");
request.setAttribute("num",1);
out.println("FirstServlet请求已经被转发");}
```

提交表单后,重定向到 SecondServlet 页面出现中文乱码,如图 4-4 所示。

图 4-4　重定向到 SecondServlet 页面出现中文乱码

此时地址栏是 SecondServlet,页面的显示内容也是 SecondServlet 的输出内容,但出现了中文乱码的情况。这是由于例 4-1 中采用的是请求转发,而此例是重定向方式,需要在 SecondServlet 重新设置编码方式。在 SecondServlet 添加的代码如下：

```
request.setCharacterEncoding("UTF-8");
response.setCharacterEncoding("UTF-8");
response.setHeader("Content-type","text/plain;charset=UTF-8");
```

再次提交表单后,重定向到 SecondServlet 页面,输出内容中无乱码,如图 4-5 所示。

图 4-5　重定向到 SecondServlet 页面后的输出结果

重定向到 SecondServlet 后,之前表单提交的数据以及 FirstServlet 在 request 中设置的属性都无法获取,说明重定向的确是进行了两次请求。当重定向页面输出到客户端时,已经超出了第一次请求的范围,因此无法通过第一次的 request 来共享数据。

4.1.3　请求转发与重定向小结

请求转发与重定向的主要区别包含以下 3 点。

(1) 请求转发属于服务器内部请求,只能转发到服务器内部的资源；重定向则内部资源与外部地址都可以。

(2) 请求转发时,地址栏显示始终是第一个请求的内部资源；重定向则显示重定向后的地址。

(3) 请求转发可以共享一些数据,例如表单提交的数据以及请求中设置的一些属性；重定向后的页面则无法通过之前的请求对象共享数据。

显然，请求转发更多是用于业务逻辑处理，并且数据需要共享的场景；而重定向更倾向于处理完毕后，跳转到另一个页面去显示结果。那么如何实现在不同页面之间进行重定向跳转，还能保持数据的共享呢？这就需要引入 session 技术来实现了。

4.2　Servlet 处理 session

4.2.1　客户端会话与服务器会话对象

1. 客户端会话

在 2.3.3 节曾经讨论过用户在访问 Web 应用系统时，服务器是如何识别客户端以及 session 的作用的。如果使用 Tomcat 服务器，当用户第一次访问 Web 应用的页面时，将通过响应向客户端发送一个名为 JSESSIONID 的字符串，作为 Cookie 存储在客户端，当浏览器不关闭的情况下，客户端接下来访问该 Web 应用的页面时，都会在请求头上附带这个 JSESSIONID 作为身份的标记，这个 JSESSIONID 就是客户端会话标识。当浏览器进程（注意，是整个浏览器进程，而不是标签页）关闭后，JSESSIONID 也随之失效，再次访问时，Tomcat 服务器将重新分配一个新的 JSESSIONID。

2. 服务器会话对象

服务器会话对象并不是当客户访问 Web 应用就生成，而是必须由服务器应用程序通过代码开启。在 Servlet 中如果要开启 session，必须引入 javax.servlet.http.HttpSession 类，通过 request 的 getSession(boolean) 方法获取。其中，参数为布尔值，取值为 true 或者 false，如果默认，则为 true。这两种取值有如下区别。

（1）getSession(true)：若当前请求存在 HttpSession 对象，则返回该对象；否则生成一个新的 HttpSession 对象。该方法一般用于为当前请求创建会话。

（2）getSession(false)：若当前请求存在 HttpSession 对象，则返回该对象；否则返回 Null。该方法一般用于判断当前请求的 HttpSession 对象是否存在。

可以通过 HttpSession 的 isNew() 方法判断该对象是否是新建立的。

客户端会话和服务器会话对象 HttpSession 之间的联系，分为以下 3 种情况。

（1）如果客户端是第一次访问，服务器需要为客户请求创建一个 HttpSession 对象，此时将当前的 JSESSIONID 与创建的 HttpSession 对象配对，这个配对关系存储在服务器内存中。

（2）在未关闭浏览器的情况下，当用户在不同的页面中进行访问时，服务器通过检测客户端请求中附带的 JSESSIONID，搜索服务器中的配对关系，找到与该 JSESSIONID 匹配的 HttpSession 对象。

（3）在关闭浏览器后，之前创建的 HttpSession 对象并不会立即销毁。但当客户端再次访问 Web 应用时，服务器会重新分配新的 JSESSIONID 给客户端，且无法与之前的 HttpSession 对象配对。

可以通过 HttpSession 的 getID() 方法获取配对的客户端 JSESSIONID。HttpSession 对象由服务器端维护，在关闭客户端浏览器后，虽然 HttpSession 对象并不会随之销毁，但当客户端长期没有访问的操作时，会话将会失效。可以通过下面 3 种方法设置会话有效时间。

（1）在 Tomcat 的 server.xml 配置文件中找到项目的 Context 节点，添加 defaultSessionTimeOut 属性。

```
< Context docBase = "Chapt_04" path = "/Chapt_04" defaultSessionTimeOut = "3600" />
```

注意，这里 3600 的单位是秒。

（2）在项目的 web.xml 文件中添加 session 时长的设置。

```
< session-config >
< session-timeout > 20 </session-timeout >
</session-config >
```

注意，这里 20 的单位是分钟。

（3）针对某个具体的页面的会话失效时间，可以在代码中直接使用下面的语句进行设置。

```
session.setMaxInactiveInterval(3600);
```

注意：代码中参数的单位是秒。

只要浏览器没有被关闭，并且 HttpSession 对象没有失效，可以通过 HttpSession 的下面两个方式进行属性的设置和读取，从而实现页面间的数据共享。

（1）setAttribute(String name, Object obj)：在请求中设置属性，第一个参数是属性名称，第二个参数是属性对象。

（2）getAttribute(String name)：获取 session 范围内对应名称的属性。

4.2.2　session 的登录与退出

下面通过例 4-3 来演示如何在 Servlet 中使用 HttpSession 对象完成用户的登录与退出。该例子完成这样的功能：用户在登录页面提交用户名和密码给 LoginServlet，如果用户名和密码相等，就表示登录成功，并将用户名存储到 HttpSession 对象中，重定向到欢迎页面，页面通过 Servlet 输出欢迎语句。如果用户名和密码不相等，就表示登录失败，同时重定向到登录页面。在欢迎页面上有一个退出的超链接，单击后可以退出登录状态，返回登录页面。

【例 4-3】　使用 HttpSession 对象完成用户的登录与退出。

（1）在项目 WebContent 下新建一个 HTML 页面，取名 login.html，在 < body > 标签体内编写登录 form 表单，提交给 LoginServlet，代码如下：

```
< form action = "LoginServlet" method = "post">
    用户名:< input type = "text" name = "username"><br>
    密    码:
    < input type = "password" name = "password"><br>
    < input type = "submit" value = "登录" >
    < input type = "reset" value = "重置" >
</form>
```

(2) 在 com.test.servlet 包中新建一个 Servlet,取名为 LoginServlet,利用注解 @WebServlet("/LoginServlet")设置其映射路径为/LoginServlet,在 LoginServlet 的 doGet()方法中添加代码如下:

```java
request.setCharacterEncoding("UTF-8");
response.setCharacterEncoding("UTF-8");
response.setHeader("Content-type","text/plain;charset=UTF-8");
String username = request.getParameter("username");
String password = request.getParameter("password");
if(username!=null&&password!=null) {                    //表单提交内容不为空
  if(username.equals(password)) {                       //验证用户名密码
    HttpSession session = request.getSession();         //创建一个 HttpSession 对象
    session.setAttribute("username", username);         //将用户名存储在 HttpSession 中
    response.sendRedirect("WelcomeServlet");            //跳转到欢迎页面
  } else {
    response.getWriter().append("用户名密码错误,请重新登录,5秒后回到登录页面……");
    response.setHeader("Refresh", "5;URL=login.html");}
}
else {//防止未经表单提交,直接访问该 Servlet
  response.getWriter().append("禁止直接访问,5秒后回到登录页面……");
  response.setHeader("Refresh", "5;URL=login.html");}
```

注意,在创建 HttpSession 对象时,使用的是 request.getSession()方法,因为此时是待登录的状态,还没有创建 HttpSession 对象,所以应该创建新的 HttpSession 对象。此外使用了 response.setHeader()方法设置了响应头的 refresh 属性,即刷新页面,参数中的 5 是页面刷新的延时秒数,URL 为刷新后跳转的页面。

(3) 新建一个名为 WelcomeServlet 的 Servlet,利用注解@WebServlet("/WelcomeServlet")设置其映射路径为/WelcomeServlet,在 doGet()方法中添加代码如下:

```java
response.setCharacterEncoding("UTF-8");
response.setHeader("Content-type", "text/html;charset=UTF-8");
//判断当前请求是否存在对象
HttpSession session = request.getSession(false);
if(session!=null) {                                     //如果 session 存在,说明不是直接访问
//尝试从 session 中读取用户名
String username = (String) session.getAttribute("username");
  if (username != null)                                 //进一步判断会话中是否存在用户名
    response.getWriter().append("欢迎你," + username).
      append("<a href='LogoutServlet'>退出登录</a>");
  else {
    response.getWriter().append("你还没有登录,
    5秒后跳转到登录页面……");
    response.setHeader("Refresh", "5;URL=login.html");
      }
    }
else {//如果 session 不存在,说明是直接访问该页面
    response.getWriter().append("禁止直接访问,
    5秒后跳转到登录页面……");
    response.setHeader("Refresh", "5;URL=login.html");
}
```

在判断登录时,可使用 request.getSession(false)来判断当前对象是否有 HttpSession 对象。若返回值是 null,则说明是直接访问该页面;若返回值不是 null,则进一步检验 session 中是否存在用户名,即登录状态是否保持。

(4)新建一个 Servlet,命名为 LogoutServlet,通过注解@WebServlet("/LogoutServlet")设置其映射路径为/LogoutServlet,在 doGet()方法中编写代码如下:

```
response.setCharacterEncoding("UTF-8");
response.setHeader("Content-type", "text/plain;charset=UTF-8");
//判断当前请求是否存在 HttpSession 对象
HttpSession session = request.getSession(false);
if(session!= null) {                    //如果会话存在,去除会话中的登录状态
                                        //移除 session 对象的 username 属性
    session.removeAttribute("username");
    response.getWriter().append("注销成功,5 秒后跳转到登录页面……");
    response.setHeader("Refresh", "5;URL=login.html");
}else {                                 //会话不存在,说明是直接访问该页面
    response.getWriter().append("你还未登录,无须注销,
    5 秒后跳转到登录页面……");
    response.setHeader("Refresh", "5;URL=login.html");
}
```

这里使用了 removeAttribute(String name)方法,移除了 HttpSession 对象的 username 属性,如果 session 中包含的属性值较多,而又需要全部销毁时,就可以使用 invalidate()方法。

注意,invalidate()方法将会使之前创建的 HttpSession 直接失效,此时服务器会立即生成一个新的 session 并分配给客户端。

在编写完代码后,访问 login.html 页面并填写用户名和密码,如图 4-6 所示。此处为了演示的简单化,用户名和密码都填写 a。

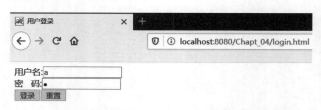

图 4-6 访问 login.html 页面并填写用户名和密码

单击"登录"按钮,页面显示欢迎信息。按 F12 键,打开浏览器的开发者工具查看请求与响应,如图 4-7 所示。可以看到表单提交后,首先交给 LoginServlet,处理完毕后被重定向。因此,状态码为 302,然后显示 WelcomeServlet 的输出内容。

查看 LoginServlet 响应头的 JSESSIONID 标识,如图 4-8 所示。

查看 WelcomeServlet 的请求头中的 Cookie 对象,如图 4-9 所示。可知 JSESSIONID 已发送给了服务器。JSESSIONID 作为客户端身份的识别信息,在访问其他页面时,其请求头都附加了 JSESSIONID。

第4章 Servlet 进阶

图 4-7　打开浏览器的开发者工具查看请求与响应

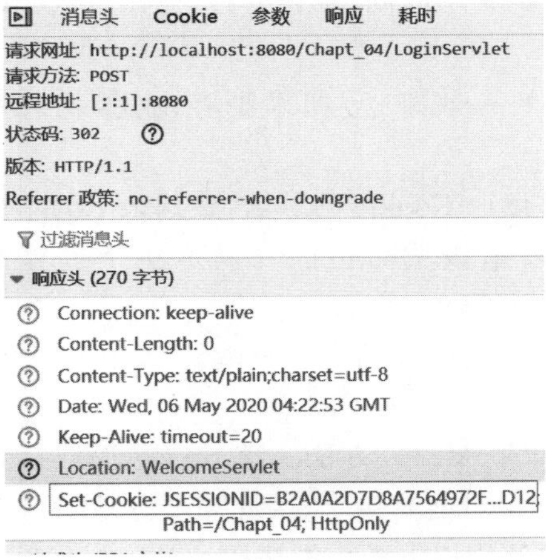

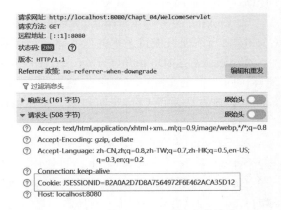

图 4-8　查看 LoginServlet 响应头的
JSESSIONID 标识

图 4-9　查看 WelcomeServlet 的请求
头中的 Cookie 对象

登录后,可以在页面中进行跳转,只要不关闭浏览器,或者单击退出登录,再次访问 WelcomeServlet 时,始终能够显示当前用户,实现登录状态的保持。

单击 WelcomeServlet 页面中的"退出登录"按钮,退出登录后再次访问 WelcomeServlet,如图 4-10 所示。页面在 5s 后跳转到 login.html 页面。

图 4-10　退出登录后再次访问 WelcomeServlet

4.3　Servlet 处理 Cookie

Cookie 是由服务器端生成,发送给客户端浏览器存储的一些小的文本数据。其值是以 key-value 对的形式存储。当客户端再次访问服务器时,将读取这些 Cookie,并发送给服务器。Cookie是Web开发中经常使用的一种机制,在4.2节中提到的JSESSIONID就是Cookie的一种。Cookie的主要作用是将一些数据保存在客户端,以减轻服务器端的压力,同时方便客户端对数据的读取,提高用户的交互体验。

1. Servlet 向客户端写入 Cookie

使用Cookie对象,需要引入javax.servlet.http.Cookie类。在Servlet中向客户端写入Cookie,需要执行如下步骤。

(1) 首先要通过以下代码实例化一个Cookie对象。

```
Cooke cookie = new Cookie(String keyname,String value);
```

(2) 使用以下方法对Cookie进行设置。

① Cookie.setMaxAge(int second):设置Cookie的存活时间,单位为秒,当超过这个时间值后,Cookie将在客户端失效。

② Cookie.setPath(String path):设置Cookie的有效路径,如果没有设置,就表示Cookie在当前项目根目录下的所有路径都有效。

③ Cookie.setDomain(String pattern):设置能够读取Cookie的域名,默认表示为本机能够访问设置的Cookie,如果设置为其他域名,就表示该域名也能访问本机下创建的Cookie。该方法使得Cookie可以被其他域的应用程序共享。

(3) response.addCookie(Cookie c):使用该方法将Cookie写入客户端。

2. Servlet 从客户端读取 Cookie

Servlet从客户端读取Cookie,可使用request.getCookies()方法。该方法的返回值是一个Cookie类型的数组,这是因为客户端存储的Cookie可能有多个,因此想要获取对应名称的Cookie值,需要利用for循环语句进行遍历,主要使用以下两个方法。

(1) Cookie.getName()方法:获取Cookie的键名。

(2) Cookie.getValue()方法:获取Cookie的键值。

3. Servlet 从客户端删除 Cookie

如果想删除某个Cookie,就可以重新生成一个与原来名称一样的Cookie对象,将这个Cookie对象的有效时间设置为0,然后写入到客户端,覆盖之前的Cookie设置,就相当于删除了该Cookie。

下面通过例4-4来演示Servlet对Cookie对象的写入、读取以及删除的操作步骤。

视频讲解

【例4-4】 Servlet对Cookie对象的写入、读取以及删除操作。

(1) 在项目的WebContent目录下编写一个HTML页面,取名为cookie.html。在<body>标签体内编写如下代码,用于表单中文本框信息的提交。

```
< form action = "WriteCookieServlet" method = "post">
名字:< input type = "text" name = "username">
< input type = "submit" value = "提交" >
</form>
```

(2) 在com.test.servlet中新建3个Servlet,分别取名为WriteCookieServlet、ReadCookieServlet以及DeleteCookieServlet,分别用于Cookie的写入、读取以及删除操作。

（3）通过使用注解@WebServlet("/WriteCookieServlet")设置 WriteCookieServlet 的映射路径为/WriteCookieServlet，然后在 doGet()方法中编写代码如下：

```
request.setCharacterEncoding("UTF-8");
response.setCharacterEncoding("UTF-8");
String username = request.getParameter("username");
if(username!= null) {
// 创建一个 Cookie 对象
Cookie usernamecookie = new Cookie("username",username);
usernamecookie.setMaxAge(60 * 5);           //设置该 Cookie 的有效时间为 5 分钟
response.addCookie(usernamecookie);          //将 Cookie 写入到客户端浏览器
response.sendRedirect("ReadCookieServlet");
}
```

（4）通过使用注解@WebServlet("/ReadCookieServlet")设置 ReadCookieServlet 的映射路径为/ReadCookieServlet，然后在 doGet()方法中编写代码如下：

```
request.setCharacterEncoding("UTF-8");
response.setCharacterEncoding("UTF-8");
response.setHeader("Content-type","text/html;charset=UTF-8");
Cookie[] cookies = request.getCookies();
String usernamecookie = null;
if(cookies!= null) {/* 判断客户端是否存在 Cookie */
 for(int i = 0;i < cookies.length;i++) {      //循环遍历 Cookie
  if(cookies[i].getName().equals("username")) {   //找到 Cookie 对应键名
   usernamecookie = cookies[i].getValue();    //获取 Cookie 的键值
   break;}
  }
  if(usernamecookie!= null)
       response.getWriter().println("usrname 的 Cookie 值等于:"
       + usernamecookie + "<br><a href='DeleteCookieServlet'>删除该 Cookie</a>");
  else{
   response.getWriter().println("没有获取到 usrname 的 Cookie 值");
   }
}else {
response.getWriter().println("该路径下没有 cookie 值");}
```

（5）通过使用注解@WebServlet("/DeleteCookieServlet")设置 DeleteCookieServlet 的映射路径为/DeleteCookieServlet，然后在 doGet()方法中编写代码如下：

```
request.setCharacterEncoding("UTF-8");
response.setCharacterEncoding("UTF-8");
response.setHeader("Content-type","text/html;charset=UTF-8");
Cookie cookie = new Cookie("username","");       //生成一个同名的 Cookie
cookie.setMaxAge(0);                  //设置有效时间为 0,相当于立即删除
response.addCookie(cookie);              //覆盖之前的 Cookie 设置
response.getWriter().append("Cookie 已删除,5 秒后返回查看……");
response.setHeader("Refresh", "5;URL=ReadCookieServlet");
```

（6）编写完代码后，访问 cookie.html，填写姓名"张三"后，单击"提交"按钮，通过 WriteCookieServlet 的处理后，跳转到 ReadCookieServlet 页面，打开浏览器的开发者工具查看 Cookie 对象，如图 4-11 所示。在"存储"选项卡下，可以看到 Cookie 已经写入客户端并被页面读取。

图 4-11　打开浏览器的开发者工具查看 Cookie 对象

此时关闭浏览器，在 5min 内，若再次访问 ReadCookieServlet 页面，则都能读取 Cookie 信息。如果单击删除该 Cookie 的超链接，就将访问 DeleteCookieServlet，删除 username 的 Cookie 值，并返回 ReadCookieServlet 页面。再次打开浏览器的开发者工具查看 Cookie 对象，如图 4-12 所示。此时页面显示没有名为 username 的 Cookie 值。

图 4-12　再次打开浏览器的开发者工具查看 Cookie 对象

4.4　ServletContext 对象

ServletContext 对象即上下文环境对象，该对象对应整个 Web 应用，一个 Web 应用只能有一个 ServletContext 对象。当启动服务器时，会为每一个部署到项目中的 Web 应用创建 ServletContext 对象。只要不关闭 Tomcat 服务器，ServletContext 对象就一直存在。若关闭 Tomcat 服务器，或者将 Web 应用从 Tomcat 服务器中移除，则对应的 ServletContext 对象将被销毁。

在 Servlet 中获取 ServletContext 对象的方法有以下 3 种，无论使用哪一种方法，获取的都是当前的 ServletContext 对象。

（1）使用 this.getServletConfig.getServletContext() 语句。

（2）使用 this.getServletContext() 语句。

（3）使用 request.getServletContext() 语句。

ServletContext 对象一般用于以下两种应用场景。

1. 存储整个应用共享的数据

如同 request 和 session 可以设置属性并被读取一样,ServletContext 也有类似的方法。

(1) setAttribute(String name,Object obj):设置整个应用范围内的属性,方法的第一个参数是属性名称,第二个参数是属性。

(2) getAttribute(String name):获取整个应用范围内对应名称的属性。

2. 获取整个应用的全局参数

可以使用 getInitParameter(String parametername)方法获取全局参数。全局参数需要在项目的 web.xml 配置文件中进行设置,例如,可以配置一个全局的编码方式,在 web.xml 文件的<web-app>节点中添加代码如下:

```
<context-param>
    <param-name>name</param-name>
    <param-value>value</param-value>
</context-param>
```

在 Servlet 中就可以通过 request.getServletContext().getInitParameter(name)语句获取 value 参数值了。

下面通过例 4-5 来演示使用 ServletContext 对象的操作步骤。

【例 4-5】 ServletContext 对象的使用。

(1) 新建一个 Servlet,命名为 SetAttributeServlet,利用注解@WebServlet("/SetAttributeServlet")设置其映射路径为/SetAttributeServlet,在 doGet()方法中添加代码如下:

视频讲解

```
ServletContext sc = request.getServletContext();
sc.setAttribute("globalAttribute", "global_attribute");
response.sendRedirect("GetAttributeServlet");
```

(2) 在项目的 web.xml 文件的<web-app>节点中添加代码如下:

```
<context-param>
    <param-name>encoding</param-name>
    <param-value>UTF-8</param-value>
</context-param>
```

(3) 新建一个 Servlet,命名为 GetAttributeServlet,利用注解@WebServlet("/GetAttributeServlet")设置其映射路径为/GetAttributeServlet,在 doGet()方法中添加代码如下:

```
ServletContext sc = request.getServletContext();
String globalAttribute = (String)sc.getAttribute("globalAttribute");
String encoding = sc.getInitParameter("encoding");
response.setCharacterEncoding(encoding);
response.setHeader("Content-type", "text/html;charset=" + encoding);
PrintWriter out = response.getWriter();
out.println("获取的全局属性为:" + globalAttribute + "<br>");
out.println("从 web.xml 文件中获取的全局参数为:" + encoding);
```

在 SetAttribueServlet 中获取 ServletContext 对象,并通过 setAttribute()方法设置了一个全局参数 globalAttribute,然后跳转到 GetAttributeServlet,在该类中同样获取 ServletContext 对象,并通过 getAttribute()方法得到之前设置的全局属性 globalAttribute。同时利用 getInitParameter()方法从配置文件 web.xml 中获取了参数 encoding,并利用该参数设置了 response 以及浏览器的编码方式,保证了中文输出的正确性。

注意,如果修改了 web.xml 文件,就需要重启 Tomcat 服务器,以确保修改好的配置生效。

(4) 运行项目并访问 SetAttribueServlet,页面将直接跳转到 GetAttribueServlet 页面,读取 ServletContext 对象中存储的参数,如图 4-13 所示。

图 4-13　读取 ServletContext 对象中存储的参数

第 5 章 JSP 技术

5.1 JSP 运行与生命周期

在前面的章节中已经介绍了利用 Servlet 进行 Web 应用开发的方法。Servlet 能够非常方便地处理来自客户端的请求,进而使用 session、Cookie 等机制进行相关业务的操作。但对于客户而言,最终还需要通过由 HTML 元素组成的页面展示其响应结果。Servlet 对于 HTML 元素的输出过于低效,为了能更快捷地进行页面的显示,JSP 技术应运而生。

一个典型的 JSP 页面由声明、表达式、程序段、注释、指令、动作以及静态 HTML 标签等部分组成。JSP 底层实现仍然是利用 Servlet。与 Servlet 一样,JSP 文件也存在生命周期的概念。JSP 的生命周期如图 5-1 所示,包括编译、初始化、执行及销毁 4 个阶段。

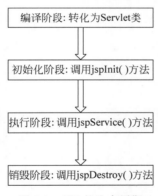

图 5-1 JSP 的生命周期

JSP 文件在生命周期内需要执行如下步骤。

(1) 编译阶段:JSP 在运行时和 Servlet 类似,当客户端通过 HTTP 请求对一个 JSP 页面进行访问时,通过 Connector 监听到请求,转发给 Engine,然后通过 URL 匹配到主机 Host,找到对应 Context 下的 JSP 文件,此时需要查找是否已经存在 JSP 对应的 Servlet 文件,如果该 Servlet 文件存在,那么执行即可;如果不存在,就说明是第一次运行该 JSP 文件,就应将 JSP 文件转换为 Servlet 文件,并进行编译。

(2) 初始化阶段:加载与 JSP 对应的 Servlet 类,创建其实例,并调用它的 jspInit()方法。

(3) 执行阶段:主要调用 jspService(request,response)方法。该方法等价于 Servlet 中的 service()方法,其功能是负责接收用户请求,并对其进行处理,然后将响应返回给客户。

（4）销毁阶段：当JSP页面从容器中移除时，执行jspDestroy()方法，等价于Servlet的destroy()方法。

5.2 JSP基础语法

5.2.1 变量声明与表达式

JSP嵌入的Java语句必须包含在<% %>标签里面。Java代码可以嵌入JSP文件的任意地方。可以使用JSP表达式进行字符串变量的输出，在进行表达式输出前，需要对变量进行声明以及初始化。变量的声明语法格式如下：

<%!变量声明语句;%>

例如：<%! int i = 0;%>或者<% Date e = new Date();%>。

注意，变量声明语句前面的感叹号!表示该变量的声明范围为整个页面，因此不管使用该变量的语句是在其前面或者后面，都是可以的。如果去掉该感叹号，就不能在变量声明之前使用该变量，否则报错。

表达式的语法格式为<%=变量/表达式%>，用于将声明的变量以字符串的形式输出到客户端。

注意，表达式不能以分号;结尾，否则报错。

下面通过例5-1来演示JSP中的变量声明以及表达式的使用方法。

【例5-1】 JSP中的变量声明以及表达式的使用方法。

(1) 新建一个Web项目Chapt_05，在WebContent目录下新建一个JSP文件，命名为express.jsp，编写代码如下：

视频讲解

```
<%@ page language="java" contentType="text/html; charset=UTF-8"
    pageEncoding="UTF-8"%>
<!DOCTYPE html>
<html>
<head>
<meta http-equiv="Content-Type" content="text/html; charset=UTF-8" />
<title>Insert title here</title>
</head>
<body>
<%= name +","%>
<%!
String name = "小明";
String msg = "你好!今天的日期是:";
%>
<%= msg + (new java.text.SimpleDateFormat("yyyy-MM-dd HH:mm:ss")).format(new java.util.Date())%>
</body>
</html>
```

(2) 右击 express.jsp 文件，选择 Run As→Run on Server，选择 Tomcat 9，部署并启动该项目。然后打开浏览器，输入 http://localhost:8080/Chapt_05/expression.jsp 进行访问。express.jsp 页面输出变量和表达式的结果如图 5-2 所示。

图 5-2　express.jsp 页面输出变量和表达式的结果

可以看到 name 变量的使用语句在声明之前，但是由于声明的时候使用了页面全局变量的设置，因此语句也是可以执行的。

表达式虽然对变量输出很方便，但是表达式不能出现多条语句，并且只能用于字符串类型的变量以及表达式语句的输出。

5.2.2　程序段

表达式一般只用于简单的字符串输出，如果想实现较为复杂的功能，表达式显然是不够的。实际上，可以在 JSP 文件中插入多行甚至多段 Java 代码，只需要将这些代码包含在<% %>标签里面即可。在 3.6 节中曾使用 Servlet 生成了一个 10 以内的加法表，下面通过例 5-2 来演示将 Java 程序段嵌入到 JSP 页面中，完成相同的加法表。

【例 5-2】　JSP 页面中程序段的使用。

在 WebContent 下新建一个 JSP 文件，取名为 additiontable.jsp，代码如下：

视频讲解

```
<%@ page language="java" contentType="text/html; charset=UTF-8"
    pageEncoding="UTF-8"%>
<!DOCTYPE html>
<html>
<head>
<meta http-equiv="Content-Type" content="text/html; charset=UTF-8" />
<style type='text/css'>
    table{border-collapse:collapse;}
    td{border:1px solid black;}
</style>
<title>JSP 页面显示加法表格</title>
</head>
<body>
  <table>
    <% for(int i=1;i<=9;i++) { %>
    <tr><% for(int j=1;j<=i;j++){ %>
      <td><%=i-j+1 %>+<%=j %>=<%=i+1 %></td><% } %>
    </tr>
    <% } %>
  </table>
</body>
</html>
```

运行该 JSP 页面,效果如图 3-24 所示。

可以看到,在 JSP 页面中可以灵活地将 Java 程序段、表达式以及 HTML 标签混合使用,Tomcat 针对 JSP 页面中的代码进行如下处理。

(1) <% %>标签里的代码将被认为是 Java 语句而被 Tomcat 服务器进行编译执行。

(2) 没有被<% %>标签包含的代码被认为是 HTML 以及文本元素,直接交由浏览器进行解释执行。

在 JSP 页面编写 Java 代码时,如果要插入非 Java 代码,需要先使用%>标签结束 Java 代码的编写。然后在输入完 HTML 标记或者文本代码后,再继续使用<% %>标签编写 Java 代码。采用 JSP 的方式进行表格的输出,从页面结构来说更加直观,只用关注动态的部分即可,静态不变的标签和样式部分不用像 Servlet 中逐句地通过代码进行输出。

5.2.3 JSP 注释

在 JSP 中可以使用两种类型的注释,一种是 HTML 风格的注释,一种是 JSP 类型的注释。

(1) HTML 风格的注释:写法与 HTML 静态页面中的一样,即<!-- 注释内容 -->的形式。注释中可以加入 JSP 表达式,编译并执行以动态生产注释内容。客户端可以接收 HTML 风格注释的内容。

(2) JSP 类型的注释:其又可以分为 Java 代码注释和 JSP 语法注释。

① Java 代码注释:单行使用//注释内容,多行采用/* 注释内容 */的形式。

② JSP 语法注释:使用<%-- 注释内容--%>的形式。

JSP 类型的注释不会发送到客户端,在客户端不会看到该类型注释的内容。

下面通过例 5-3 来演示 JSP 中两种注释方式的使用方法。

【例 5-3】 JSP 中注释的使用方法。

新建一个 JSP 文件,取名为 comment.jsp,在<body>标签体内插入代码如下:

视频讲解

```
<% int a = 1; %>
<!-- 这是一个 HTML 风格的注释,此类注释会送给客户端
     并且可以插入 JSP 表达式,如 a 的值为<% = a %>-->
<%-- 这是一个 JSP 风格的注释,不会发送到客户端 --%>
<%
// int b = 2;
//上面为 JSP 中代码的单行注释
/* 下面为 JSP 中代码的多行注释
for(int i = 0;i < 9;i++){
    out.println(i);
}
*/
%>
<%-- 上面的 JSP 代码注释同样不会发送到客户端 --%>
```

访问 comment.jsp 页面,此时页面显示为空白内容,右击"查看页面源代码"菜单,弹出 JSP 页面中不同风格的注释显示,如图 5-3 所示。

可以发现,HTML 风格的注释被发送到客户端,并且其中插入的 JSP 表达式也能正确

解析并显示。而 JSP 风格的注释以及 JSP 代码注释都没有发送到客户端。

```
 1  <?xml version="1.0" encoding="UTF-8" ?>
 2
 3  <!DOCTYPE html>
 4  <html>
 5  <head>
 6  <meta http-equiv="Content-Type" content="text/html; charset=UTF-8" />
 7  <title>Insert title here</title>
 8  </head>
 9  <body>
10
11  <!-- 这是一个HTML风格的注释，此类注释会送给客户端
12       并且可以插入JSP表达式，如a的值为1-->
13
14
15
16  </body>
17  </html>
```

图 5-3　JSP 页面中不同风格的注释显示

5.3　JSP 指令与动作

5.3.1　JSP 指令

JSP 指令的作用是定义页面如何编译，指令中不包含逻辑控制，也不会在页面中产生任何可见的输出。其语法格式如下：

```
<%@ 指令类别 属性1="属性值1" 属性2="属性值2"… 属性n="属性值n" %>
```

常见的 JSP 指令及其功能如表 5-1 所示。

表 5-1　常见的 JSP 指令及其功能

指　　令	功　　能
page	用于导入需要的类、指定页面编码方式、输出内容类型、处理错误页面等属性
include	用于引入其他文件
taglib	用于引入标签库

本节主要介绍 page 以及 include 指令，taglib 指令将在第 8 章介绍 EL 与 JSTL 中进行讲解。

1．page 指令

page 指令主要有以下作用。

（1）导入包。在 express.jsp 中，实例化 Date 以及 SimpleDateFormat 对象时，使用了该对象的全类名，显然这样写比较麻烦。如果想引用 JDK 中的类或者自定义类，可以使用 page 指令的 import 属性来引入，语法格式如下：

```
<%@ page import = "包名1.类名1","包名2.类名2",…,"包名n.类名n" %>
```

也可以每引入一个类，使用一条 import 指令。例如，在 express.jsp 中的开头使用以下语句。

```
<%@ page import = "java.util.Date">
<%@ page import = "java.text.SimpleDateFormat">
```

通过 import 指令引入包中的类以后，在实例化时就可以直接使用类名。如果想引入包中所有的类，和在普通 Java 类中引入时一样，可以使用通配符 *。

（2）设定字符集。在 page 指令中可以使用 pageEncoding 属性来指定页面的编码字符集。

注意，此处的 pageEncoding 的值是指定 JSP 文件在编译成 Servlet 源代码时的编码方式。为了保证页面显示不同语言文字的兼容性，建议统一使用 UTF-8 编码方式。因此，可以利用 page 指令进行如下设置。

```
<%@ page pageEncoding="UTF-8">
```

（3）指定 MIME 类型和字符编码。使用 ContentType 和 charset 指定页面输出的类型以及编码字符集，代码如下：

```
<%@ page ContentType="text/html; charset=UTF-8" %>
```

表示该页面的输出为 HTML 格式的文本类型，使用 UTF-8 进行编码。

（4）设置错误信息提示页面。当后台程序发生错误时，服务器会直接将错误信息输出到页面，此时用户看到了错误信息，影响了使用体验，因此这种方式不太符合程序对鲁棒性的要求。因此比较合适的做法是，当程序出现错误时，在内部跳转到一个指定页面并显示该页面中的提示信息给用户查看。在 JSP 页面中可以使用 errorPage 属性指定发生错误时跳转的页面。提示错误信息的页面使用 isErrorPage=true 来指定。下面通过例 5-4 来演示 page 指令设置错误提示页面的操作步骤。

视频讲解

【例 5-4】 page 指令设置错误提示页面。

（1）新建两个 JSP 文件，分别取名为 error.jsp 和 isError.jsp。在 error.jsp 页面的 <body> 标签体内编写代码如下：

```
<%
int [] num = {1,2,3,4,5};
for(int i=0;i<6;i++){ %>
<%= num[i] %>
<% }
%>
```

上述代码通过 for 循环语句输出数组中的数字，但此时变量 i 的最大数值超出了数组长度而造成了越界。

注意，此时的编译能够通过，但访问该 JSP 页面且在页面运行时，错误直接将出错信息显示出来，如图 5-4 所示。

（2）在 error.jsp 中，通过 <%@ page errorPage="isError.jsp" %> 指令将 isError.jsp 设置为发生错误时进行提示的页面。

（3）在 isError.jsp 页面中，通过 page 指令设置 isErrorPage 属性为 true，并在 <body> 标签内进行信息提示，代码如下：

图 5-4　访问 JSP 页面且在页面运行时,错误直接将出错信息显示出来

```
<%@ page language="java" contentType="text/html; charset=UTF-8"
    pageEncoding="UTF-8" isErrorPage="true" %>
<!DOCTYPE html>
<html>
<head>
<meta http-equiv="Content-Type" content="text/html; charset=UTF-8" />
<title>Insert title here</title>
</head>
<body>
页面出现错误,请返回
</body>
</html>
```

(4) 此时再次运行 error.jsp 页面,发现页面不再直接输出错误信息,而是通过 isError.jsp 页面显示提示信息,如图 5-5 所示。

图 5-5　通过 isError.jsp 页面显示提示信息

2. include 指令

include 指令的作用是引入外部文件,可以是 JSP、HTML、Java 程序以及其他脚本程序。在实际开发中,很多页面会有很多部分是类似的,比如位于页面顶部的导航栏,以及页面底部的显示一些基本网站信息的部分。为了复用这些信息,可以将这两部分抽离出来,形成单独的文件,然后在页面上使用 include 指令引入头部和尾部文件。其语法格式如下所示。

```
<%@ include file="文件名" %>
```

下面通过例 5-5 来演示 include 指令的使用方法。

【例 5-5】 include 指令的使用方法。

(1) 新建 3 个 JSP 文件,分别取名为 header.jsp、footer.jsp 和 includefile.jsp。其中 header.jsp 的代码如下:

```
<%@ page language="java" contentType="text/html; charset=UTF-8"
pageEncoding="UTF-8"%>
<%
String message="欢迎您";
%>
<%=message%>
<hr>
```

footer.jsp 的代码如下:

```
<%@ page language="java" contentType="text/html; charset=UTF-8"
    pageEncoding="UTF-8"%>
 <hr>
<p>Copyright XXXX, All Rights Reserved 联系电话:4000000000</p>
```

在 includefile.jsp 的 \<body\> 标签内添加代码如下:

```
<%@ include file="header.jsp" %>
这是主体部分
<%@ include file="footer.jsp" %>
```

(2) 访问 includefile.jsp 页面,include 指令引入外部文件并显示,如图 5-6 所示。

图 5-6　include 指令引入外部文件并显示

注意,外部引入的文件里面如果定义了变量,就不要和主页面中定义的变量名一致;否则会出现错误。因为 include 指令相当于把被引入文件直接插入本页面,然后整个页面代码再进行编译,相当于重复定义变量。因此,要避免这种情况的出现。

5.3.2　JSP 动作

JSP 动作是使用 XML 标记语法来控制 JSP 页面的行为。语法如下:

```
<jsp:动作名 属性名1="属性值1" 属性名2="属性值2" … 属性名n="属性值n"/>
```

或者使用如下形式：

```
<jsp:动作名 属性名1="属性值1" 属性值2="属性值2" …属性名n="属性值n">
……
</jsp>
```

JSP 动作的语法及其功能如表 5-2 所示。

表 5-2　JSP 动作的语法及其功能

语　　法	描　　述
jsp:include	类似于 include 指令，用于引入文件
jsp:forward	请求转发到另外的页面
jsp:useBean	寻找一个 JavaBean
jsp:setProperty	设置 JavaBean 属性
jsp:getProperty	获取 JavaBean 属性
jsp:plugin	根据浏览器类型为 Java 插件生成 OBJECT 或 EMBED 标记

本节主要介绍 include 以及 forward 两个动作，关于 JavaBean 的指令将在第 6 章介绍，此外 jsp:element、jsp:attribute、jsp:body、jsp:text 等动作使用较少，感兴趣的读者可以自行查阅资料。

1．include 动作

include 动作的基本语法如下：

```
<jsp:include page="文件名"/>
```

include 动作也是用于外部文件的被引入，与 include 指令的区别如下所述。

（1）include 动作会将被包含文件先编译，然后将输出包含到主页面中，因此不会因为相同变量的定义导致报错的问题。

（2）include 动作会自动检查被包含页面的内容的变化，并实时更新。include 指令则不会实时检测。

2．forward 动作

forward 动作用于实现页面的跳转，语法如下所示。

```
<jsp:forward page="文件名"/>
```

注意，跳转页面必须是服务器内部资源，不能是外部链接。该动作等价于 Servlet 的 request 对象的请求转发。执行该动作后，当前页面将不再执行，而直接跳到指定的页面。例如，新建一个 JSP 文件，命名为 forward.jsp，在 body 标签体内添加代码如下：

```
<jsp:forward page="additiontable.jsp"></jsp:forward>
```

运行 forward.jsp，页面直接跳转到 additiontable.jsp 页面并显示加法表格。

5.4 JSP 内置对象

所谓内置对象,是指 JSP 页面生成后,通过 Web 容器来实现和管理,自动载入不需要实例化就可以直接使用的对象。通过内置对象的使用,可以提高开发效率。事实上,由于 JSP 是对 Servlet 进行封装,所以 JSP 的内置对象和 Servlet 中使用的对象很相似。

JSP 共有以下 9 个内置对象。

(1) out 对象:负责对客户端的输出。其等同于在 Servlet 中通过 response.getWriter()方法获取的客户端输出对象,主要的方法和 Servlet 中使用的类似。

(2) request 对象:负责得到客户端的请求信息。其等同于 Servlet 中相关方法(一般为 doGet 或者 doPost)中的 request 参数,主要的方法和 Servlet 中使用的类似。

(3) response 对象:负责向客户端返回响应。其等同于 Servlet 中 service()方法中的 response 参数,主要的方法和 Servlet 中使用的类似。

(4) session 对象:负责保存客户端在一次会话过程中的信息。其等同于 Servlet 中使用 request.getSession()方法获取的 HttpSession 对象,主要的方法和 Servlet 中使用的类似。

(5) application 对象:表示整个应用的环境信息。其等同于 Servlet 中使用 request.getServletContext()方法获取的 ServletContext 对象,主要的方法和 Servlet 中使用的类似。

(6) exception 对象:表示页面上发生的异常,该对象对应 java.lang.Exception 接口,可以获得页面的异常信息。可以在 isError.jsp 中添加如下代码,获取该页面中出现的错误信息以及信息的详细描述。

```
<% = exception.getMessage() %><br>
<% = exception.toString() %><br>
```

(7) page 对象:该对象的对应类型是 java.lang.Object,表示 JSP 页面本身,可以使用 Object 对象的方法。在页面中可以用 this 替代,一般较少使用该对象。

(8) pageContext 对象:该对象的对应类型是 javax.servlet.jsp.PageContext,表示 JSP 的上下文。通过该对象,可以获取除自身外的其他 8 个对象,也可以直接访问绑定在 page、request、session 以及 application 对象上的 Java 对象。例如,假设 request 对象通过 setAttribute()方法设置了一个 username 对象,则可以使用以下语句直接获取该 username 对象。

```
<% = pageContext.request.username %>
```

(9) config 对象:该对象的对应类型是 javax.servlet.jsp.ServletConfig,表示 JSP 初始化时所需要的参数以及服务器的相关信息,等同于 Servlet 中使用 request.getServletConfig() 方法获取的 ServletConfig 对象。这在实际开发中使用较少。

上述 9 大对象中,使用较多的是前面 5 个,其用法在 Servlet 中已经做过介绍。此外,在 JSP 中如果想处理 Cookie,与 Servlet 中的一样,可通过 response 对象向客户端写入 Cookie 对象,利用 request 对象读取 Cookie 对象的数组。

5.5 JSP 与 Servlet 共同开发

在前面的章节中已经讨论过 JSP 与 Servlet 之间的关系以及各自的优势，下面通过例 5-6 来演示 JSP 与 Servlet 是如何共同进行开发的。

5.5.1 需求分析

【例 5-6】 JSP 与 Servelt 共同开发。

视频讲解

该例子主要实现如下的功能。

（1）用户在登录页面输入用户名和密码，如果用户名和密码相等，就进入欢迎页面。在欢迎页面显示有用户名和一个安全退出超链接。在不关闭浏览器的情况下，页面进行回退后，若再次访问欢迎页面，则仍能显示用户信息。

（2）如果不是单击安全退出超链接退出，而是直接关闭浏览器，那么当再次访问登录页面时，用户名和密码信息就会自动输入，不用用户手动填写，单击登录按钮即可直接登录。

（3）如果是单击安全退出超链接退出，那么在返回到登录页面时，需要重新填写用户的登录信息。

（4）若在没有登录成功的情况下直接访问欢迎页面，则直接跳转到登录页面。

5.5.2 实现思路

该例子需要结合 session 和 Cookie 机制，大致的思路如下所述。

（1）在登录页面需要首先判断是否存在键名为 userinfo 的 Cookie 对象，如果存在，就将对应的键值字符串以"|"符号进行分离。将分离后的两个子字符串分别赋给表单中用户名和密码的值；如果不存在 Cookie 对象，就按照正常登录处理。

（2）单击登录后提交给 Servlet 进行处理，该 Servlet 在处理完用户名和密码的校验后，新建一个键名为 userinfo 的 Cookie 对象，键值设置为 username|password，其中 username 和 password 为用户提交的用户名和密码的字符串信息。然后向客户端写入该 Cookie，以及向 HttpSession 对象中存储用户名信息，并跳转到欢迎页面。

（3）欢迎页面需要判断 session 对象是否存在，并获取 username 的值。

（4）安全退出由负责退出的 Servlet 处理，该 Servlet 需要将 HttpSession 对象销毁，并且删除 Cookie 信息。

5.5.3 代码实现

下面按照上述思路进行代码的编写。

（1）首先新建一个 JSP 页面，取名为 login.jsp，在< body >标签内编写代码如下：

```
<%
String username = "";
String password = "";
Cookie[] cookies = request.getCookies();
```

```
if(cookies!=null) {
String userinfo = null;
for(int i=0;i<cookies.length;i++) {          //循环遍历 Cookie
if(cookies[i].getName().equals("userinfo")) {  //找到 Cookie 对应的键名
userinfo = cookies[i].getValue();            //获取 Cookie 的键值
break;
}
}
if(userinfo!=null){
//Cookie 在写入时用户名和密码以"|"作为分隔
String[] information = userinfo.split("\\|");
username = information[0];
password = information[1];
}
}
%>
<form action="LoginServlet" method="post">
用户名:<input type="text" name="username" value=<%=username%>>
<br>
密   码:
<input type="password" name="password" value=<%=password%>><br>
<input type="submit" value="登录"><input type="reset" value="重置">
</form>
```

在获取到 userinfo 的 Cookie 后,以"|"为分隔符,分别取出 Cookie 中存储的 username 和 password 的值,通过 JSP 表达式赋给填写用户名文本框和密码框元素的 value 值,从而达到自动填入的功能。

(2) 新建一个 Servlet,取名为 LoginServlet,通过注解@WebServlet("/LoginServlet")设置其映射路径为/LoginServlet,在 doGet()方法中编写代码如下:

```
request.setCharacterEncoding("UTF-8");
response.setCharacterEncoding("UTF-8");
response.setHeader("Content-type","text/plain;charset=UTF-8");
String username = request.getParameter("username");
String password = request.getParameter("password");
if(username!=null&&password!=null) {              //表单提交内容不为空
if(username.equals(password)) {                   //验证用户名密码
HttpSession session = request.getSession();       //创建一个 session 对象
session.setAttribute("username", username);       //将用户名存储在 session 中
//创建一个键名为 userinfo 的 Cookie 对象,键值为 username|password
Cookie userinfocookie = new Cookie("userinfo",username + "|" + password);
userinfocookie.setMaxAge(60*5);                   //Cookie 有效值为 5 分钟
response.addCookie(userinfocookie);               //将用户名的 Cookie 发送到客户端
response.sendRedirect("welcome.jsp");             //跳转到欢迎页面
}else {
response.getWriter().append("用户名密码错误,请重新登录,
5 秒后回到登录页面……");
response.setHeader("Refresh", "5;URL=login.jsp");
```

```
}
}else {//防止未经表单提交,直接访问该 Servlet
response.getWriter().append("禁止直接访问,5 秒后回到登录页面……");
response.setHeader("Refresh", "5;URL = login.jsp");
}
```

在 LoginServlet 中,对用户名和密码进行校验后,创建 HttpSession 对象存储用户名,并创建 Cookie 对象,其值是 username 和 password 使用"|"连接而成。

(3) 创建一个 JSP 文件,取名为 welcome.jsp,在 body 标签体内编写代码如下:

```
<%
//以下三条语句是为了使页面不使用缓存
response.setHeader("Pragma","No-Cache");
response.setHeader("Cache-Control","No-Cache");
response.setDateHeader("Expires", 0);
if (session != null) {                    // 如果 session 存在,说明不是直接访问
// 从 session 中读取用户名
String username = (String) session.getAttribute("username");
if (username != null)                      // 进一步判断会话中是否存在用户名
{out.print("欢迎您," + username + "< a href = 'LogoutServlet'>
安全退出</a>");
}
else {
out.print("你还没有登录,5 秒后跳转到登录页面……");
response.setHeader("Refresh", "5;URL = login.jsp");
}
} else {                                   // 如果 session 不存在,说明是直接访问该页面
out.print("禁止直接访问,5 秒后跳转到登录页面……");
response.setHeader("Refresh", "5;URL = login.jsp");
}
%>
```

该页面通过内置 session 对象获取用户名信息。另外开头的三条语句是为了防止页面使用缓存和显示过期的信息。

(4) 新建一个 Servlet,取名为 LogoutServlet,通过注解@WebServlet("/LogoutServlet")设置其映射路径为/LogoutServlet,在 doGet()方法中编写代码如下:

```
response.setCharacterEncoding("UTF-8");
response.setHeader("Content-type","text/plain;charset = UTF-8");
//判断当前请求是否存在对象
HttpSession session = request.getSession(false);
if(session!= null) {                       //如果会话存在,去除会话中的登录状态
session.invalidate();                      //销毁整个会话
Cookie usernameinfo = new Cookie("userinfo","");
usernameinfo.setMaxAge(0);                 //设置 Cookie 有效时间为 0,即立即删除
//发送到客户端覆盖之前 Cookie 的设置
response.addCookie(usernameinfo);
response.getWriter().append("注销成功,5 秒后跳转到登录页面……");
```

```
response.setHeader("Refresh", "5;URL = login.jsp");
}else {//会话不存在,说明是直接访问该页面
response.getWriter().append("你还未登录,无须注销,
5 秒后跳转到登录页面……");
response.setHeader("Refresh", "5;URL = login.jsp");
}
```

在页面中单击安全退出超链接后,除了销毁会话外,还应该去除之前存储在客户端的Cookie,达到安全退出的目的。

以上就是该例子的代码实现,读者可以在编写完毕后运行相关页面,验证是否实现相关功能。

在本例中,Servlet 更多的是进行业务逻辑的处理,即用户的登录、退出以及针对HttpSession 和 Cookie 的设置。而 JSP 页面更多的是根据 Servlet 处理后的结果,进行相关信息的显示。这也正是二者各自的优势所在,后续章节的讲解和示例基本也是遵循这样的分工。

第 6 章 JSP与JavaBean

6.1 JavaBean 相关概念

6.1.1 什么是 JavaBean

在很多应用场景中，后台需要将处理好的数据返回给客户端进行显示。比如购物网站的页面，首先需要查询数据库中存储的商品信息（商品编号、名称、价格等），然后将这些信息经过处理后发送给 JSP 页面显示。如果直接向 JSP 页面传递这些数据信息，JSP 页面中需要接收大量的零散的数据，并重复进行数据类型转换这样的处理。

商品数据的组成是大致相同的，因此可以考虑将这些共同的数据类型抽象出来，形成一个 Java 类，这个 Java 类将这些数据类型作为自己的属性，并提供属性的设置与访问的方法。当后台处理完毕后，将这些零散的信息形成一个 Java 对象并传递给 JSP 页面，JSP 页面通过访问这个 Java 对象的相关属性进行数据信息的显示。这个可重用的 Java 对象就是一种 JavaBean。

所谓 JavaBean，就是一种可重用的组件，其将控制逻辑、数据、数据库访问和其他功能以一个 Java 对象的方式进行封装，从而被其他应用调用。事实上，JavaBean 并不只应用于 Web 应用程序开发中，在其他类型的应用程序的开发中也广泛使用。

JavaBean 分为可视化与非可视化两种，可视化的 JavaBean，比如在 Java AWT 中，像按钮这样的组件，既有如 size 这样表示尺寸大小的属性，并提供了访问和设置属性的方法，同时还有监听事件等处理机制。按钮作为一个组件，可以被其他容器所调用。而在 Web 应用程序开发中，使用更多的是非可视化的 JavaBean。非可视化的 JavaBean 更多的是作为一个数据模型对象，被 Servlet 或者 JSP 页面进行调用。

6.1.2 POJO 与 JavaBean

视频讲解

在具体学习 JavaBean 之前，先介绍一个与之相近的概念 POJO（Plain Ordinary Java Object，简单 Java 对象）。POJO 是一个普通的 Java 类，不继承或者实现具体的类或者接口，拥有若干可读写的私有属性，并且属性具有 getter() 以及 setter() 方法，供外部对象或者应用进行访问。比如一个拥有用户名和密码属性的用户对象，可以抽象为一个 POJO 类 User，代码如下：

```
public class User {
    private int uid;
    private String password;
```

```
public int getUid() {
return uid;
}
public void setGid(int uid) {
this.uid = uid;
}
public String getPassword() {
return password;
}
public void setPassword(String password) {
this.password = password;
}
```

在用户的 POJO 类中,属性使用 private 修饰,不允许直接访问,同时以 public 修饰属性的 get()/set()方法,对外提供修改和访问属性的功能。POJO 体现了对某些数据类型的封装性。

JavaBean 则是在 POJO 的基础上遵循了如下约定而形成的 Java 类。

(1) 所有属性为 private。

(2) 提供默认无参构造方法。

(3) 提供 getter()/setter()方法。

(4) 需要实现序列化,即实现 Serializable 接口。

事实上,前面 3 个约定和普通的 POJO 类基本一致。最后一个约定是因为如果该 JavaBean 对象需要存储到硬盘文件里,或者在网络中传输,就要求转化为字节流。此时需要实现序列化,以便数据的持久化存储和网络传输。因此,JavaBean 对象需要实现 Serializable 接口。此外,JavaBean 除了属性的 getter()/setter()方法外,还可以提供一些用于逻辑处理的方法。

POJO 和 JavaBean 在 Web 开发中都是可以使用的。为了更好的适应性,建议还是按照 JavaBean 的约定,实现 Serializable 接口并完成序列化。在实际开发中,POJO 和 JavaBean 有时候混合使用。普通的 POJO 对象同样可以持久化存储到数据库中,这是因为 POJO 中的一般属性类型(如 int、string、double 等)在数据库中也有对应类型,因此即使没有按照 JavaBean 约定,POJO 对象在实际开发中使用也是没有问题的。JavaBean 和 POJO 在开发中主要用于以下 4 种对象。

(1) PO(Persist Object,持久化对象):一般对应于数据库中一张表中的字段,一个 PO 对应表中的一条记录。比如用户表包括用户 ID、姓名、密码、年龄等。

(2) DTO(Data Transfer Object,数据传输对象):当从数据库中取出若干数据记录后,但实际业务需求可能并不需要记录中的所有字段,比如要传递用户信息,密码是不会被传输的,只需要用户 ID、姓名、年龄等封装成一个传输对象。

(3) BO(Business Object,业务对象):有时业务处理需要的数据不仅来自一张表中的字段,可能取自多张表。比如查看购物商品时,需要获取用户表的 ID 和姓名信息,还需要购物车表的商品 ID、商品名称和价格信息。这时需要将来自不同数据表中的字段进行封装,有时还会提供一些业务逻辑方法,最终形成一个对象,从而进行后续的处理。

（4）VO(Value Object，值对象)，有时也称为 View Object(视图对象)。其主要用于页面之间传输或者保存的对象，比如填写的表单数据，也可以封装为一个对象，用于传输以及在后续页面中显示。

事实上，上述对象有时候可以由一个对象充当，并不一定在项目中同时出现，可以在开发中根据项目大小、业务流程以及逻辑处理的需要灵活使用。无论是 JavaBean 还是 POJO，都是以组件的形式供 Servlet 以及 JSP 页面调用，从而实现数据信息的传输以及显示。如果不涉及对象序列化，JavaBean 和 POJO 在使用中并没有太大区别，本书中编写的对象均采用 JavaBean 的约定规范。

6.1.3　在 Eclipse 中编写 Javabean

6.1.2 节介绍了 POJO 与 JavaBean 的定义，可以根据需求和规范手动编写 POJO 或者 JavaBean 类。不过在 Eclipse 中提供了属性的 getter()以及 setter()方法的自动生成，能够快速地编写 JavaBean。下面通过例 6-1，以商品对象为例，利用 Eclipse 的代码生成功能快速编写一个商品对象的 JavaBean 类。

【例 6-1】　在 Eclipse 中编写 JavaBean 对象的示例。

在编写代码前，应先确定购物车类应该封装哪些属性，这里假设商品信息包含商品(gid)、商品名称(gname)、商品价格(gprice)以及商品个数(gcount)。下面就可以开始编写 JavaBean 类了。

（1）首先在 Eclipse 中新建一个 Web 项目，取名为 Chapt_06。然后在 src 目录下新建一个包，取名为 com.test.bean。接着在该包下新建一个 class，取名为 Goods.java，并选择实现 java.io.Serializable 接口。JavaBean 对象的设置如图 6-1 所示。

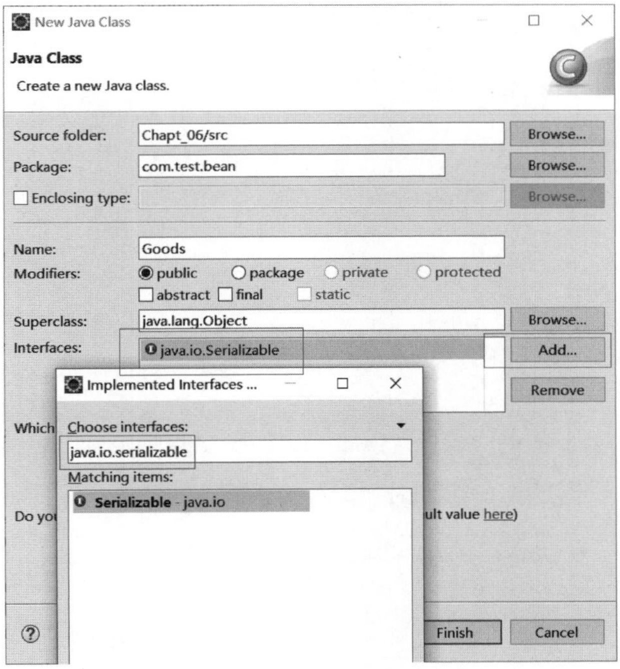

图 6-1　JavaBean 对象的设置

注意，如果没有实现 Serializable 接口，就会退化为普通 POJO 对象。

单击 Finish 按钮，进入 Goods.java 类的编辑界面。此时 Eclipse 给出了一个黄色警告，提示信息为 the Serializable class Goods does not declare a static final serialVersionUID field of type long。该信息是提示需要给 Goods 类提供一个序列号，可以单击黄色警告，在弹出的菜单中选择 Add generated serial version ID 即可，此时 Eclipse 将会生成一个 ID 号以实现商品的序列化。其代码如下：

```
package com.test.bean;
import java.io.Serializable;
public class Goods implements Serializable {
    private static final long serialVersionUID = 2198443318403659291L;
}
```

(2) 在 Goods 类中设置属性，编写代码如下：

```
private int gid;
private String gname;
private double gprice;
private int gcount;
```

选择 Source→Generate Getter and Setter 选项，在弹出的窗口中，选中需要生成 getter()/setter() 方法，如果所有属性都需要生成相应方法，就可以单击 Select All 按钮。在 Insertion point 下拉框中可以选择方法生成的位置，此处选择 After 'gcount'，即放在 gcount 属性后。Eclipse 自动生成 getter()/setter() 方法的操作如图 6-2 所示。

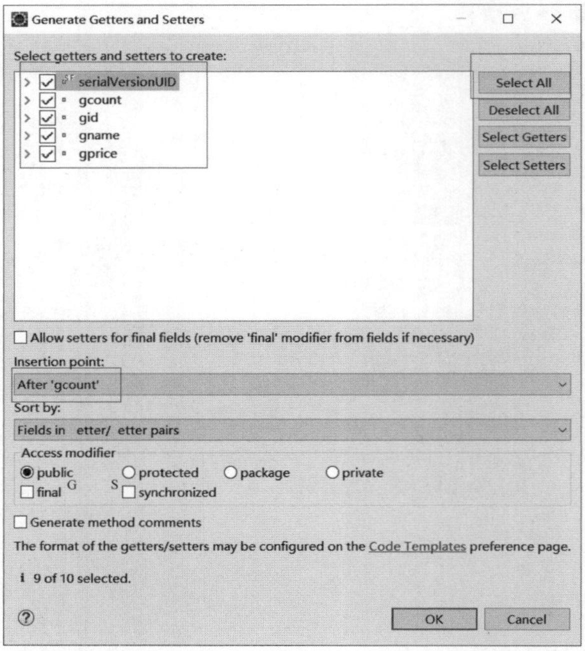

图 6-2　Eclipse 自动生成 getter()/setter() 方法的操作

(3）单击 OK 按钮，此时 Goods 类自动生成了属性的 getter()/setter()方法，Goods.java 类完整代码如下：

```java
package com.test.bean;
import java.io.Serializable;
public class Goods implements Serializable {
    private static final long serialVersionUID = 39419411570182638O2L;
    private int gid;
    private String gname;
    private double gprice;
    private int gcount;
    public int getGid() {
        return gid;
    }
    public void setGid(int gid) {
        this.gid = gid;
    }
    public String getGname() {
        return gname;
    }
    public void setGname(String gname) {
        this.gname = gname;
    }
    public double getGprice() {
        return gprice;
    }
    public void setGprice(double gprice) {
        this.gprice = gprice;
    }
    public int getGcount() {
        return gcount;
    }
    public void setGcount(int gcount) {
        this.gcount = gcount;
    }
    public static long getSerialversionuid() {
        return serialVersionUID;
    }
}
```

JavaBean 的 getter()/setter()方法的名称是有规律的，以 get 和 set 单词作为前缀，后面加上属性的名称，并采用驼峰写法，属性的名称应大写。但对于 boolean 类型的属性，使用 getter()方法的前缀是 is。另外 JavaBean 除了简单数据类型的属性外，还可以设置其他任意 Java 对象作为其属性。在后面将要介绍的购物车对象中，将会把 Goods 类型的集合作为其属性。

6.2 JavaBean 的使用

6.2.1 引入 JavaBean

视频讲解

1. 在 Servlet 中引入 JavaBean

在 Servlet 中使用 JavaBean 与使用普通的 Java 类，其方法是相同的。只需要导入相应的 JavaBean 的类，然后实例化即可使用。

2. 在 JSP 中引入 JavaBean

在 JSP 中引入 JavaBean 可以有两种方式。

(1) 通过 page 指令的 import 属性引入 JavaBean 的类，代码如下：

```
<%@page import="com.test.bean.Goods" %>
```

然后就可以在程序段中实例化该 Goods 对象了。其代码如下：

```
<% Goods goods = new Goods(); %>
```

(2) 使用<jsp:useBean>标签。其语法格式如下：

```
<jsp:useBean id="JavaBean 实例名" class="JavaBean 对应类" scope="page|request|session|application"></jsp:useBean>
```

标签中的属性 id 指定在 JSP 页面中使用 JavaBean 对象的名称，属性 class 指定 JavaBean 对象对应的类，属性 scope 指定 JavaBean 的作用范围，可以默认，默认作用范围为 page，即当前页面。

例如，可以直接在 JSP 页面中使用 useBean 标签，即可实现引入 Goods 类型的 JavaBean 对象，并实例化。

```
<jsp:useBean id="goods" class="com.test.bean.Goods"></jsp:useBean>
```

上面的标签语句等价于通过 JSP 页面的 page 指令的 import 属性引入类，再实例化对象，在页面的后续代码中就可以直接使用对象名为 goods 的 JavaBean 对象了。无论在 JSP 页面中使用哪种方法引入 JavaBean，都是可以的，从网页的角度来说，使用标签更简洁一些。

6.2.2 在 JSP 中设置 JavaBean 的属性

在引入 JavaBean 对象后，可以在 JSP 页面中对 JavaBean 对象的属性进行设置。与引入 JavaBean 方式相同，也可以通过两种方式设置 JavaBean 的属性。

(1) 直接使用 setter 方法设置。

```
<%@page import="com.test.bean.Goods" %>
<% Goods goods = new Goods();
    goods.setGid(1001);
    goods.setGname("小米 10"); %>
```

(2) 使用<jsp:setPorperty>标签对属性进行设置。属性的来源可以是字符串、请求参数或者表达式等。

① 当属性值是字符串时,该标签的语法格式如下:

```
<jsp:setProperty name = "JavaBean 实例名" property = "JavaBean 属性名" value = " BeanValue" />.
```

其中,在标签属性中,name 是之前引入 JavaBean 对象的实例名称,对应 useBean 标签中的 id 属性;property 是要设置的 JavaBean 属性名;value 为要设置的属性值。例如,可以通过以下语句设置属性。

```
<jsp:useBean id = "goods" class = "com.test.bean.goods"></jsp:useBean>
<jsp:setProperty name = "goods" property = "gname" value = "小米 10" />
```

② 当属性值是通过 request 传递的参数时,该标签的语法格式如下:

```
<jsp:setProperty name = "JavaBean 实例名" property = "JavaBean 属性名" param = " 参数名" />.
```

例如:

```
<jsp:setProperty name = "goods" property = "gname" param = "gname" />
```

等价于以下语句。

```
<jsp:useBean id = "goods" class = "com.test.bean.goods"></jsp:useBean>
<% String gname = request.getParameter("gname") %>
<jsp:setProperty name = "goods" property = "gname" value = "<% = gname>" />
```

不用担心设置的字符串类型与 JavaBean 属性类型不匹配,因为在注入属性值的时候,JSP 会通过属性对应类型的 Valueof(String)方法自动进行转换。

6.2.3 在 JSP 中读取 JavaBean 的属性

JavaBean 属性可以通过 Java 代码以及 JSP 标签两种方式进行读取。

(1) 使用 getter()方法,读取上面 goods 对象设置的 gid 属性和 gname 属性,然后使用 JSP 表达式或者 out 对象进行页面输出显示。

```
<% = goods.getGid() %>
<% out.print(goods.getGname()); %>
```

(2) 使用<jsp:getProperty>标签读取,该标签的基本语法格式如下:

```
<jsp:getProperty property = "属性名" name = "JavaBean 对象名"/>
```

上面的 Java 代码输出语句可以替换为以下标签语句:

```
< jsp:getProperty property = "gid" name = "goods"/>
< jsp:getProperty property = "gname" name = "goods"/>
```

6.2.4　JavaBean 的范围

在 useBean 标签中的属性 scope 表示 JavaBean 的作用范围，下面就介绍其在 JavaBean 开发中的作用。

scope 属性的候选值可以是以下 4 个。

（1）page：表示 JavaBean 对象作用范围仅限于本页面，在别的页面无法识别。

（2）request：表示 JavaBean 对象除了当前页面可识别外，还可以被 request 范围内的页面所读取，如通过 forward 方式跳转的页面。

（3）session：表示 JavaBean 对象可以被同一 session 下的所有页面识别。

（4）application：表示只要 Web 服务器不重启，JavaBean 对象就可以一直被识别。

下面通过例 6-2 介绍 scope 属性不同范围的用法。

【例 6-2】　scope 属性不同范围的用法。

（1）page 范围。在项目的 WebContent 目录下新建两个 JSP 页面，分别命名为 page1.jsp 和 page2.jsp。在 page1.jsp 的<body>标签内编写以下代码，用于设置一个 page 范围内的 JavaBean 对象 goods，并设置属性值 gname，然后在该页面直接被读取。

```
< jsp:useBean id = "goods" class = "com.test.bean.Goods" scope = "page">
</jsp:useBean >
< jsp:setProperty property = "gname" name = "goods" value = "小米 10"/>
< jsp:getProperty name = "goods" property = "gname"/>
```

运行 page1.jsp，page 范围内的 JavaBean 对象被读取如图 6-3 所示。

图 6-3　page 范围内的 JavaBean 对象被读取

然后编写 page2.jsp，用于读取 page 范围内的 goods 对象。其代码如下：

```
< jsp:useBean id = "goods" class = "com.test.bean.Goods" scope = "page">
</jsp:useBean >
< jsp:getProperty name = "goods" property = "gname"/
```

访问 page2.jsp 页面如图 6-4 所示，page2 页面无法读取在 page1 页面中 scope 属性为 page 的 JavaBean 对象。

（2）request 范围。新建两个 JSP 页面，分别命名为 request1.jsp 和 request2.jsp。在 request1.jsp 引入一个 request 范围内的 JavaBean 对象 goods，并设置属性值 gname，同时利用 forward 指令跳转到 request2.jsp。

第6章 JSP与JavaBean

图 6-4　访问 page2.jsp 页面

注意,此时还利用 URL 传值进行了参数 gid 的传递。在 request1.jsp 的< body >标签体内输入如下代码:

```
< jsp:useBean id = "goods" class = "com.test.bean.Goods" scope = "request">
</jsp:useBean >
< jsp:setProperty property = "gname" name = "goods" value = "小米 10"/>
< jsp:forward page = "request2.jsp?gid = 1001"></jsp:forward >
```

然后,在 request2.jsp 的< body >标签体内输入以下代码:

```
< jsp:useBean id = "goods" class = "com.test.bean.Goods" scope = "request">
</jsp:useBean >
< jsp:setProperty name = "goods" property = "gid" param = "gid"/>
< jsp:getProperty name = "goods" property = "gid" />
< jsp:getProperty name = "goods" property = "gname" />
```

访问 request1.jsp,页面直接跳转到 request2.jsp。以上代码利用 request 传递的参数设置 goods 对象的 gid 属性,读取 request 范围内的 JavaBean 对象如图 6-5 所示,即 goods 对象的 gname 属性。

图 6-5　读取 request 范围内的 JavaBean 对象

(3) session 范围。编写两个 JSP 页面,分别命名为 session1.jsp 和 session2.jsp。在 session1.jsp 的 body 标签体内编写如下代码,即设置一个 session 范围内的 goods 对象,并设置 gname 属性。

```
< jsp:useBean id = "goods" class = "com.test.bean.Goods" scope = "session">
</jsp:useBean >
< jsp:setProperty property = "gname" name = "goods" value = "小米 10"/>
```

然后,在 session2.jsp 的< body >标签体内编写如下代码,即读取一个 session 范围内的 goods 对象,并显示 gname 属性值。

```
< jsp:useBean id = "goods" class = "com.test.bean.Goods" scope = "session">
</jsp:useBean >
< jsp:getProperty name = "goods" property = "gname" />
```

先运行 session1.jsp,然后再访问 session2.jsp,读取 session 范围内的 JavaBean 对象如图 6-6 所示。

图 6-6　读取 session 范围内的 JavaBean 对象

（4）application 范围。若将 scope 属性设置为 application 范围,除非服务器重启或者关闭,否则该 JavaBean 对象可以一直被识别和读取。在实际开发中很少有用户这样设置及使用 JavaBean 对象,读者可以自行进行测试。

6.3　利用 JavaBean 开发简易购物车

本节利用 JavaBean 开发简易购物车的方法。

6.3.1　需求分析

简易购物车的要求是：网站可以购买不同品牌的手机商品,每个品牌的页面中显示不同型号手机的名称和价格,在商品后面可以选择购买的数量,并显示购买的超链接,单击超链接,可以将商品加入用户的购物车中。在不同的页面下,可以自由挑选商品加入购物车,最终显示购物车内手机商品的数量,每种型号手机的个数、小计价格以及整个购物车商品的价格。

6.3.2　实现思路

通过以上分析,简易购物车可以使用目前已经学习的知识,利用 JSP＋Servlet＋JavaBean 来实现。

（1）JSP 页面：页面信息的展示,以及读取 JavaBean 属性。

① xiaomi.jsp：用于显示小米手机信息,以及提供加入购物车的超链接。

② huawei.jsp：用于显示华为手机信息,以及提供加入购物车的超链接。

③ cart.jsp：用于显示当前购物车内商品的信息。

（2）JavaBean 对象：封装商品、购物车等对象的属性及操作。

① Goods.java：包含商品 id、名称、价格以及数量等属性,以及对应 getter()/setter()方法。

② Cart.java：包含商品集合对象的属性,以及对应的 getter()/setter()方法,同时封装获取商品总数、商品价格总额、判断是否包含特定商品以及增加商品到购物车的方法。

（3）addcart.js：JavaScript 文件,用于对商品添加的超链接进行事件绑定。单击超链接后可以读取商品的 ID 以及数量,并传递给 AddCartServlet 进行处理。

（4）AddCartServlet：Servlet 类,用于处理商品加入购物车请求,调用 JavaBean 的方法及属性,获取商品 id 值,通过查询 GoodsDao,获取对应的商品价格,并将处理好的数据封装成 JavaBean 对象,提供给 JSP 页面读取。

（5）GoodsDao：通过 id 值，获取商品信息，并封装成一个 Goods 对象。一般需要通过访问数据库读取。此例中暂用这个类中的代码来模拟实现。

简易购物车项目的整体思路如图 6-7 所示。

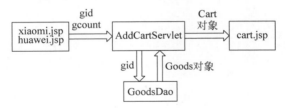

图 6-7　简易购物车项目的整体思路

6.3.3　代码实现

（1）新建名为 xiaomi.jsp 的文件，在<body>标签体内输入代码如下：

```
<%@include file="header.jsp"%>
<table>
<tr><td>商品号</td><td>商品名称</td><td>商品价格</td>
<td>数量</td>
<td></td></tr>
<tr><td>1001</td><td>小米 10</td><td>3999.00</td>
<td><input type="number" name="1001" min="1"
value="1" size="5"/></td>
<td><a class="link" id="1001">加入购物车</a></td></tr>
<tr><td>1002</td><td>红米 K30</td><td>1999.00</td>
<td><input type="number" name="1002" min="1"
value="1" size="5"/></td>
<td><a class="link" id="1002">加入购物车</a></td></tr>
<tr><td>1003</td><td>红米 Note8</td><td>999.00</td>
<td><input type="number" name="1003" min="1"
value="1" size="5"/></td>
<td><a class="link" id="1003">加入购物车</a></td></tr></table>
<script src=js/addcart.js></script>
```

（2）新建名为 huawei.jsp 的文件，在<body>标签体内输入代码如下：

```
<%@include file="header.jsp"%>
<table>
<tr><td>商品号</td><td>商品名称</td><td>商品价格</td>
<td>数量</td>
<td></td></tr>
<tr><td>1004</td><td>华为 Mate30</td><td>3699.00</td>
<td><input type="number" name="1004" min="1"
 value="1" size="5"/></td>
<td><a class="link" id="1004">加入购物车</a></td></tr>
<tr><td>1005</td><td>华为 P40</td><td>4188.00</td>
```

```html
<td><input type = "number" name = "1005" min = "1" value = "1"
size = "5" /></td>
<td><a class = "link" id = "1005">加入购物车</a></td></tr>
<tr><td>1006</td><td>华为Nova6</td><td>3499.00</td>
<td><input type = "number" name = "1006" min = "1"
value = "1" size = "5"/></td>
<td><a class = "link" id = "1006">加入购物车</a></td></tr></table>
<script src = js/addcart.js></script>
```

(3) 在这两个页面中分别引入header.jsp和addcart.js文件,因此新建一个名为header.jsp的文件,编写代码如下:

```html
<%@ page language = "java" contentType = "text/html; charset = UTF - 8"
    pageEncoding = "UTF - 8" %>
<a href = "xiaomi.jsp">小米手机</a>
<a href = "huawei.jsp">华为手机</a>
<a href = "cart.jsp">查看购物车</a><hr>
```

(4) 在WebContent文件下,新建一个名为js的文件夹,在该文件夹下新建addcart.js文件,编写代码如下:

```javascript
var links = document.getElementsByClassName("link");
for(var i = 0;i < links.length;i++){          //绑定页面中所有超链接
var gid = links[i].getAttribute("id");        //获得商品id
//取消超链接默认行为,改为单击后执行addtocart(gid)函数
links[i].href = "javascript:void(0);onClick = addtocart(" + gid + ")";}
function addtocart(gid){
//获取当前gid商品填入的数量
var num = document.getElementsByName(gid)[0].value;
//页面直接跳转到AddCartServlet,并传递商品gid及数量
window.location.href = "AddCartServlet?gid = " + gid + "&gcount = " + num;
}
```

(5) 在src目录下,新建一个名为com.test.bean的包,在该包下新建一个名为Cart.java的类,编写代码如下:

```java
package com.test.bean;
import java.util.ArrayList;
public class Cart implements java.io.Serializable{
    private static final long serialVersionUID = - 442569050914898900L;
    private ArrayList<Goods> goodslist = new ArrayList<Goods>();
    public ArrayList<Goods> getGoodslist() {
        return goodslist;
    }
    public void setGoodslist(ArrayList<Goods> goodslist) {
        this.goodslist = goodslist;
    }
    //循环遍历并累加集合中商品的数量,得到购物车总数量
```

```java
        public int getGcount() {
            int count = 0;
            for(int i = 0;i < goodslist.size();i++) {
                count += goodslist.get(i).getGcount();
            }
            return count;
        }
        //循环遍历并累加集合中商品的小计金额,得到购物车商品总额
        public double getTotal() {
            double sum = 0;
            for(int i = 0;i < goodslist.size();i++) {
             sum += goodslist.get(i).getGprice() * goodslist.get(i).getGcount();
            }
            return sum;
        }
        //判断是否存在指定 gid 对应的商品,如果有则返回索引值
        public int check(int gid) {
            int index = -1;
            for(int i = 0;i < goodslist.size();i++) {
                if(goodslist.get(i).getGid() == gid) {
                    index = i;
                    break;
                }
            }
            return index;
        }
        //将指定的商品加入购物车
        public void addGoods(Goods goods) {
            int gid = goods.getGid();
            int index = check(gid);                    //判断购物车是否存在该商品
            if(index == -1) {                          //若商品不存在,则直接添加到商品集合中
                goodslist.add(goods);
            }
            else {                                     //若商品存在,则添加对应的数量
                int num = goodslist.get(index).getGcount() + goods.getGcount();
                goodslist.get(index).setGcount(num);
            }
        }
    }
}
```

(6) 在 src 目录下,新建一个名为 com.test.dao 的包,然后在包下新建一个名为 GoodsDao.java 的类,编写代码如下:

```java
package com.test.dao;
import com.test.bean.Goods;
public class GoodsDao {
public Goods setGoods(int gid) {
Goods goods = new Goods();
switch (gid) {
```

```
case 1001:goods.setGid(1001);goods.setGname("小米 10");
goods.setGprice(3999.00);break;
case 1002:goods.setGid(1002);goods.setGname("红米 K30");
goods.setGprice(1999.00);break;
case 1003:goods.setGid(1003);goods.setGname("红米 Note8");
goods.setGprice(999.00);break;
case 1004:goods.setGid(1004);goods.setGname("华为 Mate30");
goods.setGprice(3699.00);break;
case 1005:goods.setGid(1005);goods.setGname("华为 P40");
goods.setGprice(4188.00);break;
case 1006:goods.setGid(1006);goods.setGname("华为 Nova6");
goods.setGprice(3499.00);break;
}
return goods;}
}
```

(7) 在 src 目录下,新建一个名为 com.test.servlet 的包,然后在包下新建一个 Servlet,取名为 AddCartServlet,然后在 doGet()方法下编写代码如下:

```
response.setCharacterEncoding("UTF-8");
response.setHeader("Content-type","text/html;charset=UTF-8");
String gid = request.getParameter("gid");
String gcount = request.getParameter("gcount");
if(gid!=null&&gcount!=null){
Goods goods = new Goods();
GoodsDao goodsdao = new GoodsDao();
//通过 GoodsDao 获取商品信息,并封装成一个商品对象
goods = goodsdao.setGoods(Integer.parseInt(gid));
goods.setGcount(Integer.parseInt(gcount));
HttpSession session = request.getSession();
Cart cart = (Cart)session.getAttribute("cart");        //读取 HttpSession 中 cart 属性值
if(cart!=null){             //如果 cart 属性值不为空,则不是第一次添加,直接调用 cart 对象的
                             addGoods()方法
cart.addGoods(goods);
}else{                      //如果为空,表示当前是第一次添加商品,应先新建一个购物车对象再
                             添加商品
cart = new Cart();
cart.addGoods(goods);
}
session.setAttribute("cart", cart);
response.getWriter().println("添加成功");
response.getWriter().println("<a href='cart.jsp'>查看购物车</a>");
response.getWriter().println("<a href='javascript:history.back(-1)'>
返回上一页</a>");
}else{
response.getWriter().println("参数不正确");
response.getWriter().println("<a href='javascript:history.back(-1)'>
返回上一页</a>");
}
```

（8）在 WebContent 下新建 cart.jsp，在<body>标签内编写代码如下：

```jsp
<%@include file="header.jsp" %>
<%@page import="com.test.bean.Goods,java.util.ArrayList" %>
<%-- 使用<jsp:useBean>标签引入 session 中存储的 Cart 对象 --%>
<jsp:useBean id="cart" class="com.test.bean.Cart" scope="session">
</jsp:useBean>
<% if (cart==null||cart.getGoodslist().size()==0)
out.println("购物车空空如也……")
else{ArrayList<Goods> goodslist=cart.getGoodslist();%>
当前购物车共有<%=cart.getGcount()%>件物品<br>
<table>
<tr><td>序号</td><td>商品名称</td><td>价格</td><td>数量</td>
<td>小计</td></tr>
<% for(int i=0;i<goodslist.size();i++){Goods goods=goodslist.get(i);%>
<tr>
<td><%=i+1 %></td>
<td><%= goods.getGname() %></td>
<td><%= String.format("%.2f", goods.getGprice()) %></td>
<td><%= goods.getGcount() %></td>
<td><%= String.format("%.2f", goods.getGprice()*goods.getGcount()) %></td>
</tr><%} %>
<tr><td>总计:<%= String.format("%.2f",cart.getTotal()) %></td></tr>
</table>
<%} %>
```

编写完代码后，启动项目，访问 xiaomi.jsp 以及 huawei.jsp，如图 6-8 及图 6-9 所示。

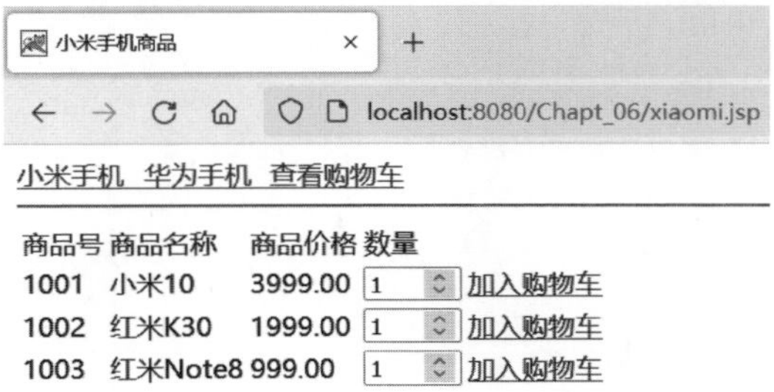

图 6-8 访问 xiaomi.jsp

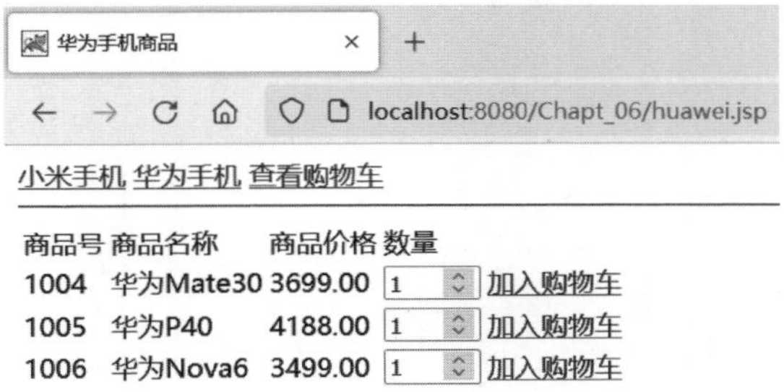

图 6-9 访问 huawei.jsp

此时单击查看购物车的超链接,购物车为空时的页面如图 6-10 所示。

图 6-10 购物车为空时的页面

分别在 xiaomi.jsp 和 huawei.jsp 中添加 2 个小米 10,以及 3 个华为 Mate30 到购物车,再次访问 cart.jsp,加入商品后的购物车页面如图 6-11 所示。

图 6-11 加入商品后的购物车页面

第 7 章 JSP 与 JDBC

7.1 JDBC 简介

数据库系统是 Web 应用系统的重要组成部分，数据信息通过 Web 应用程序（JSP 或者 Servlet 等）进行处理后，需要进行数据的持久化存储，很多业务流程也需要应用程序去读取数据库中存储的数据信息。因此，Web 应用程序需要频繁地访问数据库系统，Java 的 JDBC 技术提供了一系列用于访问数据库系统的 API，可以很方便地使用 Java 程序对数据库进行连接，并对数据库中的数据进行添加、删除、修改和查询等操作。

在实际应用中，Web 应用系统会采用不同的数据库，如 MySQL、Oracle、MS SQLServer 等。针对不同的数据库，JDBC 采用对应数据库厂商提供的驱动程序，实现对不同数据库的连接。JDBC 连接不同数据库的方式如图 7-1 所示。

由于针对不同数据库需要下载对应的驱动程序，所以微软公司设计了 ODBC（Open Database Connectivity，开发数据库连接）技术。由 ODBC 去实现连接不同数据库系统，再由 JDBC 连接 ODBC 的方式称为 JDBC-ODBC 桥接方式。该方式同样实现了对数据库的连接以及数据基本操作。JDBC-ODBC 桥接方式如图 7-2 所示。

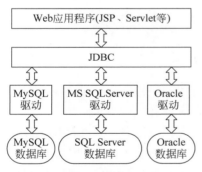

图 7-1　JDBC 连接不同数据库的方式

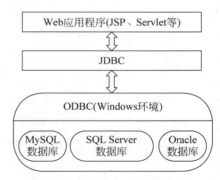

图 7-2　JDBC-ODBC 桥接方式

JDBC-ODBC 桥接方式虽然不需要下载不同类型数据库的驱动，但由于必须在微软平台下进行桥接，因此牺牲了可移植性。此外采用 JDBC 直接访问数据库的效率更高，因此本书主要使用厂商驱动连接的方式进行 JDBC 的操作。对于 JDBC-ODBC 桥接方式的操作，读者可以自行查阅相关的资料。

7.2 数据库和表的建立

在使用 JDBC 对数据库进行连接以及操作前,首先介绍如何在 MySQL 中进行数据库的创建、数据表的建立,以及向表中插入数据。

视频讲解

在第 1 章中已经介绍了 MySQL 数据库的安装步骤,在进行数据库操作前,应确保已经启动了 MySQL 数据库服务进程。如果没有启动,可以在系统服务列表中找到 MySQL 的服务,双击该服务,在选项卡中单击"启动"按钮即可。启动 MySQL 服务如图 7-3 所示。

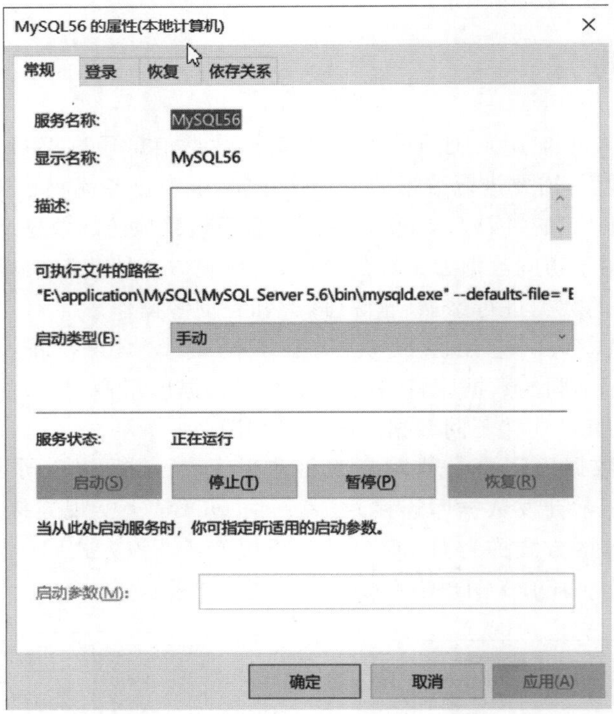

图 7-3 启动 MySQL 服务

可以通过安装 MySQL 组件中的 Workbench 或者第三方工具(如 Nacicat),以图形化的方式对数据库进行操作;也可以直接通过在 MySQL 的客户端命令行中,输入并执行 SQL 语句的方式进行数据库的建立以及表的创建。下面介绍其主要的操作步骤。

(1) 打开 CMD,输入 mysql-uroot-ppassword。其中,password 是安装数据库时管理员账户 root 设置的密码。输入命令后,就可以以 root 身份进入 MySQL 进行操作了。以 root 账户登录 MySQL,如图 7-4 所示。

(2) 接着新建一个名为 web_test 的数据库,为保证字符编码的统一性,设置该数据库的字符集采用 UTF-8,在 CMD 中输入以下命令。

```
CREATE DATABASE web_test DEFAULT CHARACTER SET utf8
COLLATE utf8_general_ci;
```

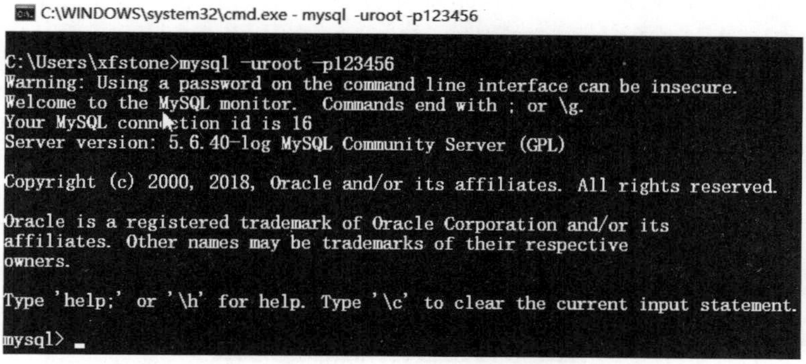

图 7-4　以 root 账户登录 MySQL

语句被执行后,可以通过 show databases 命令查看当前所有的数据库,以验证 web_test 数据库是否创建成功,如图 7-5 所示。

图 7-5　验证 web_test 数据库是否创建成功

(3) 建立一个名为 goods 的表,用于存储商品的信息,包括商品的 ID、名称、售价等信息。goods 表中的字段及类型如表 7-1 所示。

表 7-1　goods 表中的字段及类型

字段名	描述	类型	主键	非空	唯一	自增
gId	商品编号	INT	是	是	是	是
gName	商品名称	VARCHAR		是		
gPrice	商品售价	DOUBLE		是		

在 CMD 中输入以下语句进行 goods 表的创建。

```
USE web_test;
CREATE TABLE goods(
    gid int(10) NOT NULL AUTO_INCREMENT,
    gName varchar(255) NOT NULL,
    gPrice double(20,2) NOT NULL,
    PRIMARY KEY (gid)
) ENGINE = InnoDB DEFAULT CHARSET = utf8;
```

语句被执行后，可以通过 show tables 命令查看 web_test 数据库中的表。以验证 goods 商品表是否创建成功，如图 7-6 所示。

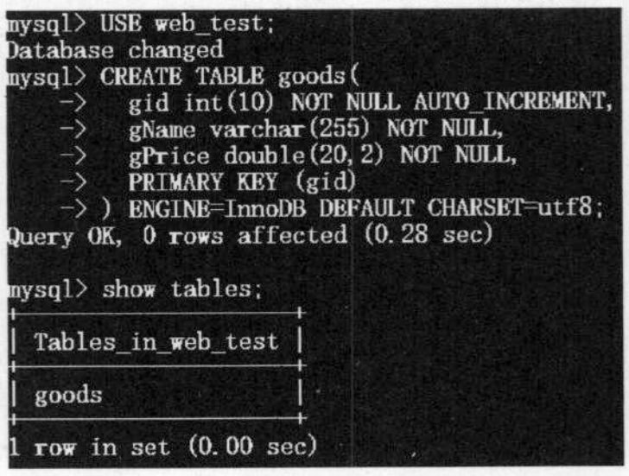

图 7-6 验证 goods 商品表是否创建成功

（4）在 CMD 中输入下列命令，插入相关商品信息到 goods 表中。

```
INSERT INTO goods VALUES ('1001', '小米 10', '3999.00');
INSERT INTO goods VALUES ('1002', '红米 K30', '1999.00');
INSERT INTO goods VALUES ('1003', '红米 Note8', '999.00');
INSERT INTO goods VALUES ('1004', '华为 Mate30', '3699.00');
INSERT INTO goods VALUES ('1005', '华为 P40', '4188.00');
INSERT INTO goods VALUES ('1006', '华为 Nova6', '3499.00');
```

语句被执行后，可以通过 select * from goods 语句查看 goods 表，以查看 goods 表中插入商品的信息记录，如图 7-7 所示。

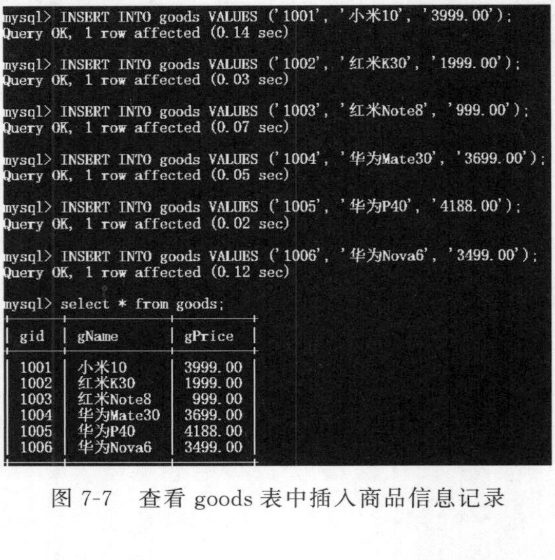

图 7-7 查看 goods 表中插入商品信息记录

视频讲解

7.3 JDBC 操作步骤

在 JSP 页面使用 JDBC 进行开发，需要进行下面 4 个步骤。

（1）添加相应数据库驱动程序包。

本书采用的数据库是 MySQL 5.6.40，对应的 JDBC 驱动程序包为 mysql-connectorjava-5.1.46.zip,该程序包可以在 MySQL 官方网站中下载获取。因此,需要在项目中首先添加该驱动包,才能使用 JDBC 的相关 API 进行操作。

(2) 通过驱动进行连接,以获取连接对象。关键代码如下:

```
import java.sql.Connection;
import java.sql.DriverManger;
String jdbc_driver = "com.mysql.jdbc.Driver";
String db_url = "jdbc:mysql://localhost:3306/web_test?useUnicode = true&characterEncoding
 = UTF - 8";         //连接本地 localhost 的服务器,端口号为默认 3306,web_test 为数据库名称,
        UTF - 8 编码进行数据库的连接
String user = "root";            //连接数据库的用户名
String password = "123456";       //数据库用户对应的密码
Class.forName(jdbc_driver);
Connection conn = DriverManager.getConnection(db_url,user,password);
```

上述语句中首先引入 java.sql 包中的 Connection 和 DriverManger 对象,然后定义了用于连接 MySQL 数据库的参数变量,包括 MySQL 驱动程序名称、MySQL 连接字符串、连接数据库用户名以及密码。

注意,连接字符串中的 useUnicode = true&characterEncoding = UTF-8 表示使用 UTF-8 作为与数据库交互时数据存储以及读取的编码格式,采用 UTF-8 格式可以避免从数据库进行读取和写入时的中文乱码问题。

还可以在连接字符串中添加其他一些参数,如数据库连接间隔、超时秒数、是否自动重连等,感兴趣的读者可以自行查阅。

然后,使用 Class.forName(jdbc_driver)语句表示加载数据库驱动类,以及 DriverManager.getConnection(db_url,user,password)语句获取对 MySQL 数据库的连接 Connection 对象。

(3) 使用 Statement 或者 PreparedStatement 接口运行 SQL 语句,关键代码如下:

```
import java.sql.Statement;
import Java.sql.ResultSet;
Statement stmt = conn.createStatement();
//如果是查询语句,返回一个查询结果集合
ResultSet rs = stmt.executeQuery(SQL 语句);
//添加、删除、修改操作则返回执行 SQL 语句影响的行数
int i = stmt.executeUpdate(语句);
```

在上述语句中,首先通过 Connection 对象的 createStatement()方法获取 Statement 对象,然后根据需要来运行 SQL 语句。PreparedStatement 接口的作用和使用方法与 Statement 接口的类似。后面章节会分别介绍这两种接口的使用方法。

(4) 根据业务需求,可在 JSP 或者 Servlet 中处理 SQL 语句运行的结果。

(5) 关闭相关资源以及数据库连接。

当通过 JDBC 处理完数据库操作后,如果使用了 ResultSet、Statement 以及连接对象 Connection,那么这些对象都应该使用对应的 close()方法来进行关闭,以避免不必要的资

源浪费。关键代码如下：

```
rs.close();
stmt.close();
conn.close();
```

7.4 JDBC 在 JSP 中的操作

下面通过一些例子，演示在 JSP 中使用 JDBC 技术进行数据的相应操作。首先在 Eclipse 中新建一个 Web 项目，取名为 Chapt_07，接着引入 JDBC 驱动程序，将 MySQL 驱动 jar 包复制到项目的 web-inf 目录的 lib 文件夹下。下面依次演示数据的添加、修改、删除和查询。

7.4.1 添加数据

下面通过例 7-1，演示通过 JDBC 在 JSP 页面中添加数据到 goods 表中的操作过程。

【例 7-1】 JDBC 在 JSP 页面中添加数据。

在 Chapt_07 项目下的 WebContent 目录下添加一个 JSP 文件，取名为 insert.jsp。该页面的功能是添加一条记录（商品名称：红米 K30Pro，商品价格：2699.00）到 goods 表中，代码如下：

```jsp
<%@ page language="java" contentType="text/html; charset=UTF-8"
    pageEncoding="UTF-8"%>
<%@ page import="java.sql.*" %>
<!DOCTYPE html>
<html>
<head>
<meta http-equiv="Content-Type" content="text/html; charset=UTF-8" />
</head>
<body>
    <% String jdbc_driver = "com.mysql.jdbc.Driver";
    String db_url = "jdbc:mysql://localhost:3306/web_test?useUnicode=true&characterEncoding=UTF-8";
    String user = "root";
    String password = "123456";
    Class.forName(jdbc_driver);
    Connection conn = DriverManager.getConnection(db_url, user,
            password);
    Statement stmt = conn.createStatement();
    String sql = "INSERT INTO goods(gName,gPrice)VALUES('红米 K30Pro','2699.00')";
    //插入时使用 executeUpdate()方法，返回插入行数
    int i = stmt.executeUpdate(sql);
```

```
        out.println("成功添加" + i + "行数据");
        stmt.close();
        conn.close();
        %>
</body>
</html>
```

insert.jsp 后，页面显示效果如图 7-8 所示。

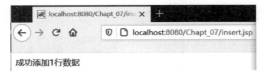

图 7-8 insert.jsp 后，页面显示效果

查询 goods 表中的数据，发现数据记录已经成功插入表中。在执行插入操作后，goods 表的记录如图 7-9 所示。

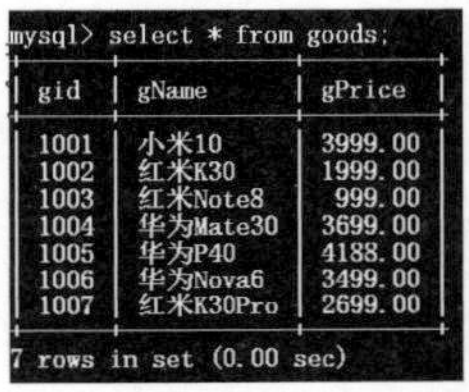

图 7-9 在执行插入操作后，goods 表的记录

7.4.2 修改数据

下面通过例 7-2，演示通过 JDBC 在 JSP 页面中修改 goods 表中数据的操作步骤。

【例 7-2】 JDBC 在 JSP 页面中修改数据。

视频讲解

在 WebContent 目录下添加一个 JSP 文件，取名为 update.jsp。该页面的功能是将之前插入的红米 K30Pro 的价格修改为 2499.00，代码如下：

```
<%@ page language = "java" contentType = "text/html; charset = UTF - 8"
     pageEncoding = "UTF - 8" %>
<%@ page import = "java.sql.*" %>
<!DOCTYPE html>
<html>
<head>
<meta http - equiv = "Content - Type" content = "text/html;
charset = UTF - 8" />
</head>
<body>
<% String jdbc_driver = "com.mysql.jdbc.Driver";
    String db_url = "jdbc:mysql://localhost:3306/web_test?useUnicode = true&characterEn
                        coding = UTF - 8";
    String user = "root";
    String password = "123456";
    Class.forName(jdbc_driver);
    Connection conn = DriverManager.getConnection(db_url,user,
                        password);
    Statement stmt = conn.createStatement();
    String sql = "UPDATE goods SET gPrice = '2499.00' where gName = '红米 K30Pro'";
```

```
                //修改时使用executeUpdate()方法,返回值为修改的行数
                int i = stmt.executeUpdate(sql);
                out.println("成功修改" + i + "行数据");
                stmt.close();
                conn.close();
            %>
    </body>
</html>
```

运行 update.jsp 页面显示效果如图 7-10 所示。

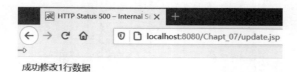

图 7-10　运行 update.jsp 页面显示效果

查询 goods 表中的数据,发现表中对应数据记录已经成功被修改。在执行修改数据操作后,goods 表的记录如图 7-11 所示。

7.4.3　删除数据

下面通过例 7-3 演示通过 JDBC 在 JSP 页面中删除 goods 表中数据的操作步骤。

图 7-11　在执行修改数据操作后,goods 表的记录

【例 7-3】　JDBC 在 JSP 页面中删除数据。

在 WebContent 目录下添加一个 JSP 文件,取名为 delete.jsp。该页面的功能是将红米 K30Pro 商品的记录删除掉,代码如下:

```jsp
<%@ page language="java" contentType="text/html; charset=UTF-8"
    pageEncoding="UTF-8" %>
<%@ page import="java.sql.*" %>
<!DOCTYPE html>
<html>
<head>
<meta http-equiv="Content-Type" content="text/html;
charset=UTF-8" />
</head>
<body>
<% String jdbc_driver = "com.mysql.jdbc.Driver";
    String db_url = "jdbc:mysql://localhost:3306/web_test?useUnicode=true&characterEn
              coding=UTF-8";
    String user = "root";
    String password = "123456";
    Class.forName(jdbc_driver);
    Connection conn = DriverManager.getConnection(db_url, user,
              password);
```

```
            Statement stmt = conn.createStatement();
            String sql = "DELETE FROM goods where
            gName = '红米K30Pro'";
            //删除使用executeUpdate()方法,返回值为删除行数
            int i = stmt.executeUpdate(sql);
            out.println("成功删除" + i + "行数据");
            stmt.close();
            conn.close();
        %>
    </body>
</html>
```

运行 delete.jsp 页面显示效果如图 7-12 所示。

图 7-12 运行 delete.jsp 页面显示效果

查询 goods 表中的数据,发现表中对应数据记录已经成功被删除。在执行删除数据操作后,goods 表中的记录如图 7-13 所示。

7.4.4 查询数据

下面通过例 7-4 演示通过 JDBC 在 JSP 页面中查询 goods 表中数据的操作步骤。

图 7-13 在执行删除数据操作后,goods 表的记录

【例 7-4】 JDBC 在 JSP 页面中查询数据。

在 WebContent 目录下添加一个 JSP 文件,取名为 search.jsp。该页面的功能是查询 goods 表中的所有华为的手机记录,并将结果显示在页面上,代码如下:

视频讲解

```
<%@ page language = "java" contentType = "text/html; charset = UTF-8"
    pageEncoding = "UTF-8" %>
<%@ page import = "java.sql.*" %>
<!DOCTYPE html>
<html>
<head>
<meta http-equiv = "Content-Type" content = "text/html;
charset = UTF-8" />
</head>
<body>
<%
    String jdbc_driver = "com.mysql.jdbc.Driver";
    String db_url = "jdbc:mysql://localhost:3306/
    web_test?useUnicode = true&characterEncoding = UTF-8";
```

```
    String user = "root";
    String password = "123456";
    Class.forName(jdbc_driver);
    Connection conn = DriverManager.getConnection(db_url,user,
                password);
    Statement stmt = conn.createStatement();
    String sql = "SELECT gId,gName,gPrice FROM goods WHERE gName like '华为%'";
    //数据查询是使用executeQuery()方法
    ResultSet rs = stmt.executeQuery(sql);
    while(rs.next()){
        String gId = rs.getString("gId");
        String gName = rs.getString("gName");
        String gPrice = rs.getString("gPrice");
        out.println(gId + " " + gName + " " + gPrice + "<br>");
    }
    rs.close();
    stmt.close();
    conn.close();
%>
</body>
</html>
```

运行 search.jsp 页面显示效果如图 7-14 所示。

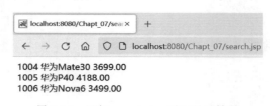

图 7-14 运行 search.jsp 页面显示效果

与增加、修改、删除操作不同，查询操作使用的是 Statement 接口的 executeQuery()方法，该方法返回的是查询结果集，结果集类似于是一个小表格。在获取这个集合后，后续操作如果要读取这些表格的具体数据，就需要用到游标的概念。

注意，此处游标和数据库中的游标概念与作用类似，但不是数据库中的游标，而是 ResultSet 对象中的概念。

在 ResultSet 中，游标是一个可以移动的指针，它指向一行数据。初始时它指向的是结果集第一行的前面一行，为了方便读取结果集中的数据，一般使用 rs.next()方法进行判断，该方法返回值是一个布尔类型，表示是否还有下一行数据。因此，通过 while 语句，以 rs.next()方法的返回值作为循环执行条件，可以很方便地将结果集中的数据信息进行遍历。

在循环的过程中，当游标指向某一行时，可以通过 ResultSet 的 get×××("列名")方法获取这一行记录的某个数据。×××表示该列的数据类型，可以是 String，也可以是 int 等其他类型，但是所有类型都可以用 getString("列名")方法来获取，同时也可以通过列的编号来获取，例如 getString(1)表示获取记录的第 1 列，getString(2)表示获取记录的第 2 列。因此获取商品的 ID、名称以及价格的数据也可以通过以下语句获取。

```
String gId = rs.getString(1);
String gName = rs.getString(2);
String gPrice = rs.getString(3);
```

注意,游标初始指向并非第一行记录,因此需要先执行一次 rs.next()方法才能开始读取数据。如果直接读取,rs 指向为空,数据无法正常获取。另外,由于游标是不断指向后面的记录,因此数据通过 rs.getString()方法读取后,无法再次读取该数据。如果需要对结果集中的记录进行反复读取,那么建议将游标设置为前后可滚动模式。这可以通过以下语句对 Statement 对象进行设置。

```
Statement stmt = conn.createStatement(ResultSet.TYPE_SCROLL_INSENITIVE, ResultSet.CONCUR_READ_ONLY);
```

其中,参数 ResultSet.TYPE_SCROLL_INSENSITIVE 表示可以实现游标的前后滚动,此时可以使用各种移动的 ResultSet 指针的方法,如下一行 next()、前一行 previous(),回到第一行 first(),读取第 n 行 absolute(int n),以及移动到相对当前行的第 n 行 relative(int n)。参数 ResultSet.CONCUR_READ_ONLY 表示结果集为只读类型。更多关于 ResultSet 的参数设置,读者可以自行查阅相关资料。

7.5 PreparedStatement 接口

7.4 节介绍了使用 Statement 接口进行数据操作的方法,示例中执行的 SQL 语句是固定不变的。但在实际情况中,很多时候 SQL 语句中需要其他参数拼接而成。例如,在添加一条商品信息时,先通过一个 form 表单填写商品的具体数据,然后提交给 JDBC 去处理。下面通过例 7-5 来演示将表单提交的参数插入到数据库的操作步骤。

【例 7-5】 将表单提交的参数插入到数据库。

首先新建一个 JSP 文件 insertForm.jsp,代码如下:

视频讲解

```
<%@ page language="java" contentType="text/html; charset=UTF-8"
    pageEncoding="UTF-8"%>
<!DOCTYPE html>
<html>
<head>
<meta http-equiv="Content-Type" content="text/html; charset=UTF-8" />
<title>Insert title here</title>
</head>
<body>
<form action="insert2.jsp" method="post">
输入商品名称:<input type="text" name="gName"></input><br>
输入商品价格:<input type="text" name="gPrice"></input><br>
<input type="submit" value="提交"></input>
</form>
</body>
</html>
```

然后新建一个 JSP 文件,取名为 insert2.jsp,用于处理 insertForm.jsp 中表单提交的数据,代码如下:

```jsp
<%@ page language="java" contentType="text/html; charset=UTF-8"
    pageEncoding="UTF-8"%>
<%@ page import="java.sql.*" %>
<!DOCTYPE html>
<html>
<head>
<meta http-equiv="Content-Type" content="text/html;
charset=UTF-8" />
</head>
<body>
    <% String jdbc_driver = "com.mysql.jdbc.Driver";
    String db_url = "jdbc:mysql://localhost:3306/web_test?useUnicode=true&characterEn
        coding=UTF-8";
    String user = "root";
    String password = "123456";
        Class.forName(jdbc_driver);
    Connection conn = DriverManager.getConnection(db_url,user,
            password);
    Statement stmt = conn.createStatement();
    String gName = request.getParameter("gName");
    String gPrice = request.getParameter("gPrice");
    String sql = "INSERT INTO goods(gName,gPrice)
            VALUES('" + gName + "','" + gPrice + "')";
    int i = stmt.executeUpdate(sql);
    out.println("成功添加" + i + "行数据");
    stmt.close();
    conn.close();
    %>
</body>
</html>
```

由于商品编号 gId 在 goods 表中是自增的,因此表单中只需要填写商品名称和价格即可。访问 insertForm.jsp 并输入相应的信息,如图 7-15 所示。

图 7-15 访问 insertForm.jsp 并输入相应的信息

提交表单,通过 insert2.jsp 的处理可以将在表单中输入的商品信息插入数据库中。在插入数据后,goods 表中的记录如图 7-16 所示。

不过,在 insert2.jsp 中执行的 SQL 语句中有参数进行拼接,编写较为复杂,比如此例中插入的数值需要包裹在单引号中,且必须手动拼接单引号,这样就很容易出现错误。另外若将参数直接拼接到 SQL 语句中,由于参数类型以及内容未知,则容易造成 SQL 注入等安全隐患。

PreparedStatement 接口能够较好地解决上述问题。实际上 PreparedStatement 是 Statement 的子接口,可以对 SQL 语句进行预处理。PreparedStatement 会首先将要执行的 SQL 语句进行预处理,然后再执行该语句。因此在构造要执行的 SQL 语句时,可以不直接使用参数本身进行拼接,而是使用"?"作为占位符,然后 PreparedStatement 在执行 SQL 语句前可以通过 setString()方法进行参数的设置。下面通过例 7-6 来演示使用 PreparedStatement 接口的方法。

图 7-16　在插入数据后,goods 表中的记录

【例 7-6】　PreparedStatement 接口的使用方法。

新建一个 insert3.jsp 文件,使用 PreparedStatement 接口完成对数据的添加操作,代码如下:

```jsp
<%@ page language = "java" contentType = "text/html; charset = UTF-8"
        pageEncoding = "UTF-8" %>
<%@ page import = "java.sql.*" %>
<!DOCTYPE html>
<html>
<head>
<meta http-equiv = "Content-Type" content = "text/html;charset = UTF-8" />
</head>
<body>
   <% String jdbc_driver = "com.mysql.jdbc.Driver";
      String db_url = "jdbc:mysql://localhost:3306/web_test?useUnicode = true&characterEn
                coding = UTF-8";
      String user = "root";
      String password = "123456";
      Class.forName(jdbc_driver);
      Connection conn = DriverManager.getConnection(db_url,user,
                password);
      String gName = request.getParameter("gName");
      String gPrice = request.getParameter("gPrice");
      String sql = "INSERT INTO goods(gName,gPrice)VALUES(?,?)";
      PreparedStatement psmt = conn.prepareStatement(sql);
      psmt.setString(1, gName);
      psmt.setString(2, gPrice);
      int i = psmt.executeUpdate();
      out.println("成功添加" + i + "行数据");
      psmt.close();
      conn.close();
   %>
</body>
</html>
```

将 insertForm.jsp 中表单提交的 action 属性值改为 inset3.jsp,再次输入商品数据并提交,如图 7-17 所示。

图 7-17　再次输入商品数据并提交

查询 goods 表中商品记录，如图 7-18 所示，可以发现提交的商品信息已经被插入数据库。

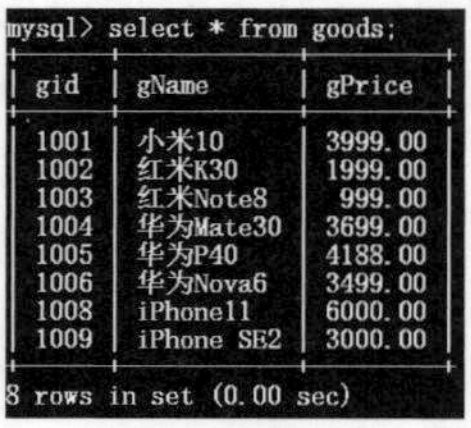

例 7-6 演示了 PreparedStatement 接口的使用方法，其删除、更新以及查询的操作类似。当有大量 SQL 语句需要批处理执行或者带有不同参数的同一 SQL 语句被多次执行的时候，PreparedStatement 执行更有效率，同时安全性也更好。

读者可以通过本章后面的习题，将之前的使用 Statement 处理的例子改成使用 PreparedStatement 来进行练习。

图 7-18　查询 goods 表中商品记录

7.6　批处理

很多时候需要执行多条 SQL 语句，比如批量进行添加、更新以及删除操作时，就需要使用 JDBC 的批处理操作。Statement 和 PreparedStatement 接口都可以进行批处理操作，本节以使用 PreparedStatement 为例进行讲解。

视频讲解

【例 7-7】　批处理的使用方法。

编写一个 JSP 文件，命名为 batch.jsp，该页面用于批量添加 3 条商品信息，其代码如下：

```jsp
<%@ page language="java" contentType="text/html; charset=UTF-8"
    pageEncoding="UTF-8"%>
<%@ page import="java.sql.*" %>
<!DOCTYPE html>
<html>
<head>
<meta http-equiv="Content-Type" content="text/html; charset=UTF-8" />
</head>
<body>
    <% String jdbc_driver = "com.mysql.jdbc.Driver";
    String db_url = "jdbc:mysql://localhost:3306/web_test?useUnicode=true&characterEncoding=UTF-8";
    String user = "root";
    String password = "123456";
    Class.forName(jdbc_driver);
    Connection conn = DriverManager.getConnection(db_url, user, password);
    String sql = "INSERT INTO goods(gName,gPrice)VALUES(?,?)";
```

```
            PreparedStatement psmt = conn.prepareStatement(sql);
            psmt.setString(1,"荣耀 30");
            psmt.setString(2,"2799.00");
            psmt.addBatch();
            psmt.setString(1,"荣耀 30S");
            psmt.setString(2,"2199.00");
            psmt.addBatch();
            psmt.addBatch("INSERT INTO goods(gName,gPrice) VALUES(
                          '荣耀 V30','2799.00')");
            psmt.executeBatch();
            psmt.close();
            conn.close();
         %>
     </body>
</html>
```

当进行批处理操作时，在 PreparedStatement 对 SQL 语句进行预处理后，通过 addBatch()方法将该执行语句加入批处理队列中，也可以直接使用 addBatch(sql)方法，将静态的 SQL 语句以参数的形式，加入批处理队列中。最后使用 executeBatch()方法，将批处理队列中的 SQL 语句依次执行完毕。

执行 batch.jsp，批处理依次将 3 条商品信息插入数据库中。在使用批处理操作后，goods 表中的数据如图 7-19 所示。

图 7-19　在使用批处理操作后，goods 表中的数据

批处理中的 SQL 语句会被顺序执行，即使某一句 SQL 语句执行错误，也不影响后续语句的执行，结果仍将提交到数据库中。

7.7　事务

所谓事务，就是进行的一系列数据库操作序列。这些操作要么全部被执行，要么全部不被执行。典型的事务的例子是在银行的两个账户之间进行转账，该业务分为两个步骤。

（1）从第一个账户中划出款项。

（2）将款项存到第二个账户。

当两个步骤都操作成功后，两个账户的金额才会变动，针对两个账户进行更新的操作才会提交给数据库，否则只要有任意一条操作没有执行成功，数据都会进行回滚操作，且两个账户的金额维持不变。

在之前的例子中，执行 SQL 语句使用的 executeUpdate()方法会将执行的结果自动提交到数据库。而在事务中，需要将自动提交关闭，这可以通过 Connection 对象的 setAutoCommit(false)方法来关闭自动提交。在 SQL 语句被执行后，再通过事务进行提交或者回滚。

下面通过例 7-8 来讲解事务的使用方法，该例以添加两条商品记录的操作形成一个事务,演示事务执行成功或者失败的区别。

【例 7-8】 事务的使用方法。

新建一个 JSP 文件,命名为 transaction.jsp,代码如下:

```jsp
<%@ page language="java" contentType="text/html; charset=UTF-8"
    pageEncoding="UTF-8"%>
<%@ page import="java.sql.*"%>
<!DOCTYPE html>
<html>
<head>
<meta http-equiv="Content-Type" content="text/html;charset=UTF-8" />
</head>
<body>
<% String jdbc_driver = "com.mysql.jdbc.Driver";
    String db_url = "jdbc:mysql://localhost:3306/web_test?useUnicode=true&characterEn
        coding=UTF-8";
    String user = "root";
    String password = "123456";
    Connection conn = null;
    Statement stmt = null;
    try{
     Class.forName(jdbc_driver);
     conn = DriverManager.getConnection(db_url,user,password);
     stmt = conn.createStatement();
     conn.setAutoCommit(false);         //设置为不自动提交
     String sql1 = "INSERT INTO goods(gName,gPrice)VALUES('荣耀 Play4T','1199.00')";
    //第二条插入语句中 gPrice 字段为空,由于 goods 表中要求 gPrice 字段非空,因此将导致执行
    该语句时出错
     String sql2 = "INSERT INTO goods(gName,gPrice)
     VALUES('荣耀 9X','')";
     stmt.executeUpdate(sql1);
     stmt.executeUpdate(sql2);
     conn.commit();                     //提交 SQL 语句执行结果
     out.println("事务执行成功");
    }catch(SQLException e1){
     out.append("事务执行失败" + "<br>").append("错误原因:");
     out.println(e1);
     conn.rollback();                   //SQL 语句如果发生异常,则执行回滚操作
    }
    finally{
        stmt.close();
        conn.close();
    }
%>
</body>
</html>
```

为了演示事务的执行效果,在 sql2 语句中将插入的 gPrice 设置为空值。因此,sql2 这条语句被执行会产生错误。根据事务的要求,即使 sql1 能够被执行,其结果也不会提交到

数据库中，此时运行 transaction.jsp，事务执行失败。页面显示事务执行失败的提示信息如图 7-20 所示。

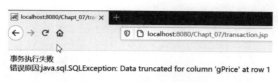

图 7-20　页面显示事务执行失败的提示信息

当事务执行失败后，查询 goods 表中的记录如图 7-21 所示。发现两条商品信息的确没有提交到表中。

可以将 sql2 语句中 gPrice 设置为合法的值，使语句正常执行，代码如下：

```
String sql2 = "INSERT INTO goods(gName,gPrice)
        VALUES('荣耀 9X',''1799.00)";
```

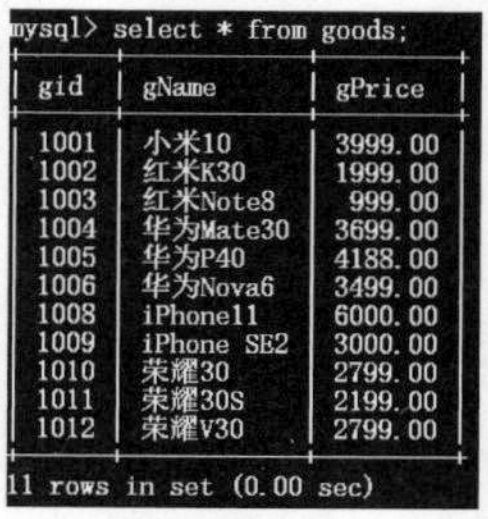

mysql> select * from goods;

gid	gName	gPrice
1001	小米10	3999.00
1002	红米K30	1999.00
1003	红米Note8	999.00
1004	华为Mate30	3699.00
1005	华为P40	4188.00
1006	华为Nova6	3499.00
1008	iPhone11	6000.00
1009	iPhone SE2	3000.00
1010	荣耀30	2799.00
1011	荣耀30S	2199.00
1012	荣耀V30	2799.00

11 rows in set (0.00 sec)

图 7-21　当事务执行失败后，查询 goods 表中的记录

再次运行 transaction.jsp，事务执行成功。页面显示事务执行成功的提示信息如图 7-22 所示。

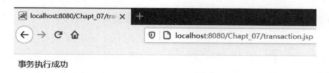

图 7-22　页面显示事务执行成功的提示信息

当事务执行成功时，查询 goods 表中的记录如图 7-23 所示。发现两条商品信息都提交到了表中。

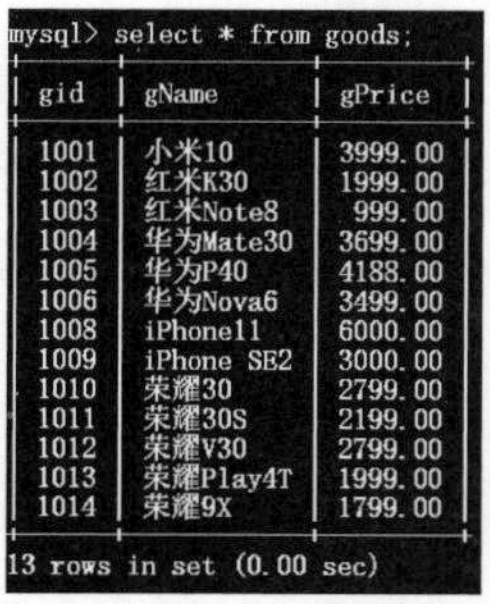

mysql> select * from goods;

gid	gName	gPrice
1001	小米10	3999.00
1002	红米K30	1999.00
1003	红米Note8	999.00
1004	华为Mate30	3699.00
1005	华为P40	4188.00
1006	华为Nova6	3499.00
1008	iPhone11	6000.00
1009	iPhone SE2	3000.00
1010	荣耀30	2799.00
1011	荣耀30S	2199.00
1012	荣耀V30	2799.00
1013	荣耀Play4T	1999.00
1014	荣耀9X	1799.00

13 rows in set (0.00 sec)

图 7-23　当事务执行成功时，查询 goods 表中的记录

第 8 章 EL 与 JSTL

8.1 EL

8.1.1 EL 的作用

在前面章节的例子中，当需要在 JSP 页面显示变量以及 JavaBean 对象时，可以使用 JSP 的表达式，如<%=变量%>的形式，也可以直接使用如<%out.println(变量)%>的 Java 输出语句。尤其当 JSP 页面从后台接收较多对参数并显示的时候，此时页面将会混杂大量的 Java 代码。在第 6 章简易购物车的例子中，也曾经讨论过 JSP 作为表示层，主要负责内容的显示，如果夹杂过多的 Java 代码，不利于页面的设计与维护。

因此，在 JSP2.0 规范中增加了 EL(Expression Lanuage，表达式语言)，与普通的 JSP 表达式以及 out 对象一样，EL 可以用于在 JSP 页面中进行数据的输出显示。此外 EL 还具备功能强大的运算符功能，可以进行数值以及逻辑运算，能够更为灵活地访问普通变量、JavaBean 对象以及集合。相比于 Java 代码，EL 更为直观、简洁，不仅能够减少页面的代码量，也更容易被前端设计人员所理解，方便网页的设计与维护，提高开发效率。

8.1.2 EL 基本语法

EL 的原理与 JSP 表达式的类似，都是通过 JSP 容器解释执行后，在浏览器中显示表达式的结果。EL 默认是直接在 JSP 页面中开启的，可以通过 page 指令的 isElIgonred 属性设置 JSP 页面是否能使用 EL。isElIgonred 的默认值为 false，表示开启 EL，ture 表示关闭。

EL 的语法格式为 ${Expression}。其中，花括号{}里面的表达式可以使用各种运算符，以方便地显示各类数据。假设通过 Servlet 处理完业务流程后，返回一个商品 goods 的 JavaBean 对象，跳转到 JSP 页面中显示其商品名称，需要使用如下 Java 代码。

```
Goods goods = (Goods)request.getAttribute("goods");
String gname = goods.getGname();
out.println("gname");
```

而如果使用 EL，只需要代码如下：

```
${requestScope.goods.gname}
```

很显然,使用 EL 要更加简洁,同时也很容易被理解。在后续章节中将介绍更多 EL 定义的运算符及其用法。

8.1.3 EL 定义的基本运算符

为了更好地进行数据的读取,EL 定义了存取、算数、关系、逻辑、条件、empty 等运算符,本节将对这些运算符的使用方法进行介绍。

1. .和[]存取运算符

EL 可以使用两种数据读取的运算符:.(点运算符)和[]。8.1 节使用.运算符对商品名称进行读取,在这里也可以使用[]运算符进行读取。编写代码如下所示。

```
${requestScope.goods["gname"]}
```

下面 3 种情况必须使用[]运算符,而不能使用.运算符。

(1) 属性名称中包含特殊字符的情况。

特殊字符包括数字、横线、下画线等,此时只能使用[]运算符。例如,假设 goods 有一个属性名称为 goods_count,其代码就只能写成如下形式。

```
${requestScope.goods["goods_count"]}
```

(2) 属性名称为动态取值的情况。

如果属性名称中包含变量时,就只能使用[]运算符。例如:

```
String attribute; //attribute 可能取值"gname","gprice"或者"gid"
${requestScope.goods[attribute]}
```

(3) 获取数组中的元素的情况。

假设使用以下语句将定义的数组保存到 request 中。

```
String goodsArray[] = {"小米 10","华为 P30","红米 K30Pro"};
request.setAttribute("goodsArray",goodsArray);
```

那么,在 JSP 页面中只能通过[]运算符依次读取数组中的各元素。

```
${requestScope.goodsArray[0]}
${requestScope.goodsArray[1]}
${requestScope.goodsArray[2]}
```

2. 算数运算符

EL 定义的算数运算符如表 8-1 所示。算数运算符可以进行一些简单的运算比较,进而帮助实现逻辑判断功能。

表 8-1　EL 定义的算数运算符

算数运算符	说明	示例	结果
＋	加	＄{1+2}	3
—	减	＄{5－3}	2
＊	乘	＄{3＊5}	15
/ 或(div)	除	＄{13/3}或(＄{13div3})	4
％ 或(mod)	模(求余数)	＄{13％3}或(＄{13mod3})	1

3. 关系运算符

EL 定义的关系运算符如表 8-2 所示。

表 8-2　EL 定义的关系运算符

关系运算符	说明	示例	结果
＝＝ 或(eq)	等于	＄{2==2}或(＄{2 eq 2})	true
!= 或(ne)	不等于	＄{2!=5}或(＄{2 ne 5})	true
< 或(lt)	小于	＄{2<5}或(＄{2 lt 5})	true
> 或(gt)	大于	＄{2>5}或(＄{2 gt 5})	false
<= 或(le)	小于或等于	＄{5<=5}或(＄{5 le 5})	true
>= 或(ge)	大于或等于	＄{2>=5}或(＄{2 ge 5})	false

在使用两个变量进行关系运算比较时,应采用＄{变量1＝＝变量2}的形式,而不是＄{变量1}＝＄{变量2}。

4. 逻辑运算符

EL 定义的逻辑运算符如表 8-3 所示。

表 8-3　EL 定义的逻辑运算符

逻辑运算符	说明	示例	结果
&& 或(and)	逻辑与	＄{A&&B}或＄{A and B}	true/false
|| 或(or)	逻辑或	＄{A||B}或(＄{A or B})	true/false
! 或(not)	逻辑非	＄{!A}或(＄{not A})	true/false

5. 条件运算符

条件运算符的基本语法为＄{A?B:C},表示当满足条件 A 时,表达式的值为 B;否则,表达式的值为 C。例如＄{2>5?1:0}的值为 0。

6. empty 运算符

empty 运算符用于判断数据是否为空,语法格式如下:

```
${empty A}
```

empty 运算符的规则:当 A 的值为 null,或者 A 不存在,或者 A 为空字符串,或者 A 为空数组时,均返回为 true;否则返回 false。

8.1.4 数据读取

1. EL 隐含对象

EL 定义了 11 个隐含对象,可以用来读取 page、request、session、application 上存储的属性值,也可以读取如页面上下文对象、页面间传递的参数、Cookie、HTTP 请求的 header 头部信息以及 Web 应用的初始化参数等,基本覆盖了实际开发中对数据读取的需求。EL 定义的隐含对象如表 8-4 所示。

表 8-4 EL 定义的隐含对象

EL 隐含对象	类型	说明
pageScope	java.util.Map	读取 page 范围内属性的值
requestScope	java.util.Map	读取 request 范围内属性的值
sessionScope	java.util.Map	读取 session 范围内属性的值
applicationScope	java.util.Map	读取 application 范围内属性的值
param	java.util.Map	读取单个参数
paramValues	java.util.Map	读取数组类型的参数
cookie	java.util.Map	读取 cookie 的值
pageContext	javax.servlet.ServletContext	读取页面上下文对象
initParam	java.util.Map	读取 web.xml 中定义的参数
header	java.util.Map	获取 HTTP 请求某个 header 的值
headerValues	java.util.Map	获取 HTTP 请求多个 header 的值

访问 EL 隐含对象中的数据使用的语法格式如下:

```
${EL 隐含对象.关键字对象.属性}
```

如果表达式中没有指定 EL 隐含对象的名称,表达式就会依次从 page、request、session 以及 application 范围内查找,若所有范围内都没有该关键字以及属性的数据,就返回空字符串。

pageContext、initParam、header 和 headerValues 4 个对象在实际开发中使用较少,后续章节主要介绍常用的 EL 对象的使用方法。

2. 访问 EL 隐含对象中的数据

下面通过例 8-1 来演示在 JSP 页面中如何使用 EL 隐含对象中的数据的操作步骤。

【例 8-1】 在 JSP 页面中访问 EL 隐含对象中的数据。

首先创建一个名为 Chapt_08 的 Web 项目,然后在 WebContent 中创建一个名为 ELObject.jsp 的文件,代码如下:

视频讲解

```
<%@ page language = "java" contentType = "text/html; charset = UTF-8"
    pageEncoding = "UTF-8" %>
<!DOCTYPE html>
<html>
<head>
<meta http-equiv = "Content-Type" content = "text/html;
```

```
charset = UTF - 8" />
</head>
<body>
<%
pageContext.setAttribute("pageScopeData","data in pageScope");
request.setAttribute("requestScopeData", "data in requestScope");
session.setAttribute("sessionScopeData", "data in sessionScope");
application.setAttribute("applicationScopeData","data
                  in applicationScope");
Cookie cookieData = new Cookie("cookieData","datacookie");
response.addCookie(cookieData);
%>
pageScope 的数据是 ${pageScope.pageScopeData}<br>
request 的数据是 ${requestScope.requestScopeData}<br>
sessionScope 的数据是 ${sessionScope.sessionScopeData}<br>
applicaiton 的数据是 ${applicationScope.applicationScopeData}<br>
cookie 的数据是 ${cookie.cookieData.value}<br>
传递的参数数据是 ${param.paramData}<br>
</body>
</html>
```

可以通过 URL 传值的方式进行参数的传递,然后查看能否利用 EL 隐含对象获取相关参数。在浏览器中输入 http://localhost:8080/Chapt_08/ELObject.jsp?paramData=data in param 的访问地址,即可在 JSP 页面中访问 EL 隐含对象中的数据,如图 8-1 所示。

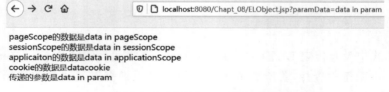

图 8-1　在 JSP 页面中访问 EL 隐含对象中的数据

3. 访问 JavaBean 对象

使用 EL 访问 JavaBean,语法格式如下:

${EL 对象作用域.javaBean 对象名称.属性名称}

或者使用下面的格式:

${javaBean 对象名称[属性名称]}

下面通过例 8-2 来演示 EL 访问 JavaBean 对象的方法。

【例 8-2】 EL 表达式访问 JavaBean 对象的方法。

首先,在项目的 src 目录下新建一个包,取名为 com.test.bean,在该包下新建一个类,取名为 Goods.java;其次,将第 6 章中定义的商品对象的 JavaBean 代码复制到该类中;再

次在 WebContent 下新建一个名为 EL_JavaBean.jsp 的文件,代码如下:

```
<%@ page language="java" contentType="text/html; charset=UTF-8"
    pageEncoding="UTF-8"%>
    <%@page import="com.test.bean.Goods" %>
<!DOCTYPE html>
<html>
<head>
<meta http-equiv="Content-Type" content="text/html;charset=UTF-8" />
</head>
<body>
<%
Goods goods = new Goods();
goods.setGid(1001);
goods.setGname("小米10");
session.setAttribute("goods", goods);
%>
商品编码:${goods.gid }<br>
商品名称:${goods.gname }<br>
</body>
</html>
```

在浏览器中输入 http://localhost:8080/Chapt_08/EL_JavaBean.jsp。EL 访问 JavaBean 对象如图 8-2 所示。在 EL 访问商品的 JavaBean 对象时,并未指定 EL 隐含对象,EL 仍然能够依次查找,最终在 session 范围内获取数据,并将数据显示在页面上。

图 8-2　EL 访问 JavaBean 对象

4. 访问集合

EL 也可以访问一些较为复杂的对象数据,如 Vector、List、Map 等,其基本语法如下所示。

```
${EL 对象作用域.集合名称[索引].属性名称}
```

下面通过例 8-3 来演示使用 EL 访问集合的方法。

【例 8-3】　EL 表达式访问集合的方法。

在 WebContent 下新建一个名为 EL_Set.jsp 的文件,编写代码如下所示。

```
<%@ page language="java" contentType="text/html; charset=UTF-8"
    pageEncoding="UTF-8"%>
    <%@page import="com.test.bean.Goods,java.util.ArrayList" %>
<!DOCTYPE html>
```

视频讲解

```jsp
<html>
<head>
<meta http-equiv="Content-Type" content="text/html;
charset=UTF-8" />
</head>
<body>
<%
ArrayList<Goods> goodsList = new ArrayList<Goods>();
for(int i=8;i<=10;i++){
    Goods goods = new Goods();
        goods.setGid(1000+i);
        goods.setGname("小米"+Integer.toString(i));
        goodsList.add(goods);
}
session.setAttribute("goodsList", goodsList);
%>
第1个商品编号为:${goodsList[0].gid}
商品名称:${goodsList[0].gname}<br>
第2个商品编号为:${goodsList[1].gid}
商品名称:${goodsList[1].gname}<br>
第3个商品编号为:${goodsList[2].gid}
商品名称:${goodsList[2].gname}<br>
</body>
</html>
```

在浏览器中输入 http://localhost:8080/Chapt_08/EL_Set.jsp。EL 访问集合如图 8-3 所示。在 EL 访问集合 goodsList 时同样省略了 EL 隐含对象,通过集合名称、索引值以及属性名称将数据进行遍历并读取,最终显示在 JSP 页面中。

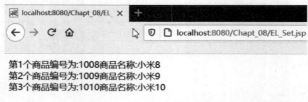

图 8-3 EL 表达式访问集合

8.2 JSTL

8.2.1 什么是 JSTL

在前面的例子中,EL 已经能够较好地在 JSP 页面中取代 Java 代码,进行数据的输出显示。但是当数据的输出较为复杂,尤其涉及一些条件判断、迭代、循环遍历等情况时,EL 仍然无法完全满足需求。为了解决上述问题,Sun 公司制定了一系列的 JSP 标签集合,即 JSTL 标签库。根据 JSTL 标签所提供的功能,可以将其分为 5 个类别:核心标签库、函数库、格式化标签库(I18N)、SQL 标签库以及 XML 标签库。JSTL 标签库封装了实际应用中的一些通用核心功能,包括表达式、流程控制、条件判断、XML 文档操作、国际化输出、SQL 操作等,基本涵盖了实际应用中的需求。同时 JSTL 还支持自定义标签,即可以根据业务自行定制标签。

8.2.2 配置 JSTL

要想使用 JSTL,需要在项目中引入 JSTL 的 jar 包。在 Tomcat 的安装目录的 \webapps\examples\WEB-INF\lib 文件夹下,找到 taglibs-standard-impl-1.2.5.jar 以及 taglibs-standard-spec-1.2.5.jar 两个文件,然后复制到 Chapt_08 项目下的 WebContent\WEB-INF\lib 目录下。要想在 JSP 中使用 JSTL 的标签库,需要在 JSP 中使用 taglib 指令,通过 prefix 属性可以自定义一个前缀,然后引用标签库对应的 URI。其语法格式如下:

```
<%@taglib prefix = "自定义前缀名称",uri = "对应的标签库" %>
```

JSTL 标签库的 URI 以及推荐前缀如表 8-5 所示。

表 8-5 JSTL 标签库的 URI 以及推荐前缀

JSTL	推荐前缀	URI	示例
核心标签	c	http://java.sun.com/jsp/jstl/core	<c:out>
函数标签库	fn	http://java.sun.com/jsp/jstl/functions	<fn:length>
I18N 标签库	fmt	http://java.sun.com/jsp/jstl/fmt	<fmt:fomatDate>
SQL 标签库	sql	http://java.sun.com/jsp/jstl/sql	<sql:query>
XML 标签库	x	http://java.sun.com/jsp/jstl/xml	<x:set>

在 JSP 中引入 JSTL 标签库后,就可以通过标签库的操作标签进行相应的操作了。

8.2.3 核心标签库

1. 核心标签库介绍

JSTL 核心标签库主要提供变量输出、流程控制、迭代访问以及 URL 操作等功能,引用核心标签库的语法如下:

```
<%@ taglib prefix = "c" uri = "http://java.sun.com/jsp/jstl/core" %>
```

JSTL 提供的核心标签库如表 8-6 所示。

表 8-6 JSTL 提供的核心标签库

功能分类	标签名称	标签功能
表达式操作	<c:out>	字符串的输出
	<c:set>	设置并保存数据
	<c:remove>	删除数据
	<c:catch>	处理异常
流程控制	<c:if>	用于条件判断
	<c:choose>	作为<c:when>和<c:otherwise>的父标签
	<c:when>	<c:choose>的子标签,用于判断条件是否成立
	<c:otherwise>	<c:choose>的子标签,当<c:when>判断为 false 时执行

续表

功能分类	标签名称	标签功能
迭代访问	<c:forEach>	基础迭代标签,接受多种集合类型
	<c:forTokens>	根据指定的分隔符来分隔内容并迭代输出
URL操作	<c:import>	检索一个绝对或相对URL,然后将其内容显示到页面
	<c:param>	用来给包含或重定向的页面传递参数
	<c:redirect>	重定向至一个新的URL
	<c:url>	使用可选的查询参数来创造一个URL

下面介绍在实际开发中运用较多的表达式操作、流程控制以及迭代访问的标签用法。

2. 使用核心标签库进行表达式操作

表达式操作中常用的3个标签:<c:out>、<c:set>以及<c:remove>。

(1) <c:out>标签。<c:out>用于表达式的输出,类似于JSP表达式<%=表达式%>。该标签的语法格式如下:

```
<c:out value="变量名" default="默认值" escapeXml="true|false">
</c:out>
```

其中,default和escapeXml两个为可选属性。default属性可选,当没有明确的内容输出时,default属性值作为默认值进行输出;而escapeXml属性决定对输出变量中的特殊字符(如"<"、">"、"&"等在HTML或者XML中特殊意义的字符)是否忽略其含义,该属性默认时为true,表示忽略并直接输出;否则值为false时,将会对特殊字符进行转义输出。下面通过例8-4来演示<c:out>标签的使用方法。

【例8-4】 <c:out>标签使用方法。

新建一个JSP文件,取名为cout.jsp,编写代码如下:

```
<%@ page language="java" contentType="text/html; charset=UTF-8"
    pageEncoding="UTF-8" %>
<%@ taglib uri="http://java.sun.com/jsp/jstl/core" prefix="c" %>
<!DOCTYPE html>
<html>
<head>
<meta http-equiv="Content-Type" content="text/html; charset=UTF-8" />
</head>
<body>
<% session.setAttribute("msg", "<u>转义字符是否使用<u>"); %>
<c:out value="${a}" default="此时输出默认值"></c:out><br/>
<c:out value="${msg}"></c:out><br/>
<c:out value="${msg}" escapeXml="false"></c:out><br/>
</body>
</html>
```

访问cout.jsp页面,使用<c:out>标签进行输出,如图8-4所示。

```
此时输出默认值
<u>转义字符是否使用<u>
转义字符是否使用
```

图 8-4　使用<c:out>标签进行输出

（2）<c:set>标签。该标签可以对普通变量或者 JavaBean 对象进行设置。当设置一个普通变量时，其语法格式如下：

```
<c:set value = "变量值" var = "变量名"
scope = "page|request|session|application">
</c:set>
```

例如：

```
<c:set value = "hello" var = "msg" scope = "session"></c:set>
```

等价于

```
<% session.setAttribute("msg","hello"); %>
```

当设置一个 JavaBean 对象时，其语法格式如下：

```
<c:set value = "属性值" target = "对象名" property = "属性名"></c:set>
```

例如有一个商品的 JavaBean 对象名 goods，设置其属性，商品名称 gname 为"小米 10"，代码如下：

```
<c:set value = "小米 10" target = "goods" property = "gname"></c:set>
```

（3）<c:remove>标签。该标签为删除某个变量，语法格式如下：

```
<c:remove var = "变量名" scope = "page|request|session|application">
</c:remove>
```

例如，删除上面<c:set>标签设置并保存在 session 中的 msg 变量，代码如下：

```
<c:remove var = "msg" scope = "session "></c:remove>
```

等价于

```
<% session.removeAttribute("msg"); %>
```

3．使用核心标签库进行流程控制

流程控制中常用的 4 个标签：<c:if>、<c:choose>、<c:when>、<c:otherwise>。

(1) <c:if>标签。该标签用于条件判断,语法格式如下:

```
<c:if test = "${条件表达式}">…</c:if>
```

下面通过例 8-5 演示<c:if>标签的使用方法。

【例 8-5】 <c:if>标签的使用方法。

新建一个 JSP 文件,取名为 cif.jsp,代码如下:

```
<%@ page language = "java" contentType = "text/html; charset = UTF - 8"
    pageEncoding = "UTF - 8" % >
<%@taglib uri = "http://java.sun.com/jsp/jstl/core" prefix = "c" %>
<!DOCTYPE html >
<html>
<head>
<meta http - equiv = "Content - Type" content = "text/html;
charset = UTF - 8" />
</head>
<body>
<% session.setAttribute("gender", "female"); %>
性别:<c:if test = "${gender == 'male'}">男</c:if>
      <c:if test = "${gender == 'female'}">女</c:if>
</body>
```

运行该 JSP 文件,使用<c:if>标签进行条件判断如图 8-5 所示。

图 8-5 使用<c:if>标签进行条件判断

(2) <c:choose>、<c:when>以及<c:otherwise>。这 3 个标签通常一起使用,用于进行较为复杂的条件判断,类似于编程中的 if,else if 的情况。基本语法格式如下:

```
<c:choose>
<c:when test = "${条件 1}">…</c:when>
<c:when test = "${条件 1}">…</c:when>
…
<c:when test = "${条件 n}">…</c:when>
<c:otherwise>以上条件都不满足时执行</c:otherwise>
</c:choose>
```

下面通过例 8-6 演示<c:choose>、<c:when>以及<c:otherwise>标签的使用方法。

【例 8-6】 <c:choose>、<c:when>以及<c:otherwise>标签的使用方法。

新建一个 JSP 文件,取名为 ctest.jsp,代码如下:

```
<%@ page language="java" contentType="text/html; charset=UTF-8"
    pageEncoding="UTF-8"%>
 <%@taglib uri="http://java.sun.com/jsp/jstl/core" prefix="c" %>
<!DOCTYPE html>
<html>
<head>
<meta http-equiv="Content-Type" content="text/html; charset=UTF-8" />
</head>
<body>
<% session.setAttribute("score", 75); %>
成绩等级：
<c:choose>
    <c:when test="${score>=85&&score<=100}">优秀</c:when>
    <c:when test="${score>=75&&score<=84}">良好</c:when>
    <c:when test="${score>=60&&score<=74}">及格</c:when>
    <c:otherwise>不及格</c:otherwise>
</c:choose>
</body>
</html>
```

运行该 JSP 文件，使用<c:choose>、<c:when>以及<c:otherwise>标签进行条件判断如图 8-6 所示。

图 8-6　使用<c:choose>、<c:when>以及<c:otherwise>标签进行条件判断

4. 使用核心标签库进行迭代访问

本节介绍迭代访问中常用的两个标签：<c:forEach>和<c:forTokens>。

（1）<c:forEach>标签。该标签主要用于将集合中的成员按照顺序进行遍历访问。其中集合成员可以是数组以及 List、Map、Set、Iterator 等数据结构的对象。基本语法如下：

> <c:forEach var="元素名" items="集合名" begin="起始" end="结束" step="步长" varStatus="循环状态名称">…</c:forEach>

其中，begin、end、step 分别表示遍历的起始、结束以及步长，这 3 个属性默认时，其值分别为 0、最后一个元素以及 1；varStatus 属性表示遍历时的状态，可以用于获取当前的索引值以及计数。

下面通过例 8-7 来演示<c:forEach>标签的使用方法。

【例 8-7】　<c:forEach>标签的使用方法。

新建一个 JSP 文件，取名为 cforeach.jsp，代码如下：

> <%@ page language="java" contentType="text/html; charset=UTF-8"
>   pageEncoding="UTF-8"%>

```jsp
<%@page import = "com.test.bean.Goods,java.util.ArrayList" %>
<%@taglib uri = "http://java.sun.com/jsp/jstl/core" prefix = "c" %>
<!DOCTYPE html>
<html>
<head>
<meta http-equiv = "Content-Type" content = "text/html;
charset = UTF-8" />
</head>
<body>
<%
ArrayList<Goods> goodsList = new ArrayList<Goods>();
for(int i = 8;i <= 10;i++){
                    Goods goods = new Goods();
                    goods.setGid(1000 + i);
                    goods.setGname("小米" + Integer.toString(i));
                    goods.setGprice(i * 200);
                    goodsList.add(goods);
}
session.setAttribute("goodsList", goodsList);
%>
<c:forEach items = "${ goodsList}" var = "goods"
            varStatus = "goodsStatus">
第${goodsStatus.count }个
商品编号:${goods.gid }
商品名称${goods.gname }<br>
</c:forEach>
</body>
</html>
```

运行该JSP文件,使用<c:forEach>标签循环迭代输出如图8-7所示。

图8-7 使用<c:forEach>标签循环迭代输出

(2) <c:forTokens>标签。该标签主要用于根据指定的分隔符来截取内容并迭代输出。其语法格式如下:

```
<c:forTokens items = "字符串" delims = "分隔符" var = "子串名"
        begin = "起始" end = "结束" step = "步长">…
</c:forTokens>
```

下面通过例8-8来演示<c:forTokens>标签的使用方法。

【例8-8】 <c:forTokens>标签的使用方法。

新建一个JSP文件,取名为cfortokens.jsp,代码如下:

```jsp
<%@ page language="java" contentType="text/html; charset=UTF-8"
    pageEncoding="UTF-8"%>
<%@taglib uri="http://java.sun.com/jsp/jstl/core" prefix="c" %>
<!DOCTYPE html>
<html>
<head>
<meta http-equiv="Content-Type" content="text/html;
charset=UTF-8" />
</head>
<body>
<c:forTokens items="小米10,华为P30,荣耀30" delims=","
        var="goodsname">
    <c:out value="${goodsname}"/><br>
</c:forTokens>
</body>
</html>
```

运行该JSP文件,使用<c:forTokens>标签截取内容并迭代输出如图8-8所示。

图8-8 <c:forTokens>标签示例

8.2.4 函数标签库

JSTL引入了一系列标准函数,一般用于EL语句中,可以方便字符串处理。引用函数标签的语句如下所示。

```jsp
<%@ taglib prefix="fn" uri="http://java.sun.com/jsp/jstl/functions" %>
```

下面介绍函数标签库的含义及其使用方法。

(1) <fn:contains>:测试输入的字符串是否包含指定的子串,返回值为Boolean类型。语法格式如下所示。

```
${fn:contains("源字符串","子字符串")}
```

(2) <fn:containsIgnoreCase()>:测试输入的字符串是否包含指定的子串,大小写不敏感。语法格式如下所示。

```
${fn:containsIgnoreCase("原始字符串","要查找的子字符串")}
```

(3) fn:endsWith()：测试输入字符串是否以指定的后缀结尾。语法格式如下。

```
${fn:endsWith("原始字符串","要查找的子字符串")}
```

(4) fn:escapeXml()：跳过可以作为 XML 标记的字符。语法格式如下所示。

```
${fn:escapeXml("要转义标记的文本")}
```

(5) fn:indexOf()：返回指定字符串在输入字符串中出现的位置。语法格式如下所示。

```
${fn: indexOf ("原始字符串","指定的字符串")?}
```

(6) fn:join()：将数组中的元素合成一个字符串然后输出。语法格式如下所示。

```
${fn: join ("数组","分隔符")?}
```

(7) fn:length()：返回字符串长度。语法格式如下所示。

```
${fn: length("字符串")?}
```

(8) fn:replace()：将源字符串中的指定的字符串,替换成其他字符串。语法格式如下所示。

```
${fn: replace ("原始字符串","被替换字符串","替换字符串")}
```

(9) fn:split()：将字符串用指定的分隔符分隔,然后组成一个子字符串数组并返回。语法格式如下所示。

```
${fn: split("源字符串","分隔符")?}
```

(10) fn:startsWith()：测试输入字符串是否以指定的前缀开始。语法格式如下所示。

```
${fn: startsWith ("源字符串","指定字符串")?}
```

(11) fn:substring()：返回字符串的子集。语法格式如下所示。

```
${fn: substring ("源字符串",起始位置,结束位置)?}
```

(12) fn:substringAfter()：返回字符串在指定子串之后的子集。语法格式如下所示。

```
${fn: substringAfter ("原始字符串","子字符串")?}
```

(13) fn:substringBefore()：返回字符串在指定子串之前的子集。语法格式如下所示。

```
${fn: substringBefore ("原始字符串","子字符串")?}
```

(14) fn:toLowerCase()：将字符串中的字符转为小写。语法格式如下所示。

```
${fn: toLowerCase ("源字符串")}
```

(15) fn:toUpperCase()：将字符串中的字符转为大写。语法格式如下所示。

```
${fn: toUpperCase ("源字符串")}
```

(16) fn:trim()：移除字符串首尾的空格字符。语法格式如下所示。

```
${fn: trim ("源字符串")}
```

以上列出了 JSTL 函数标签库的使用方法，读者可参照语法格式进行练习。

8.2.5 格式化标签库

格式化标签（I18N，Internationalization）又称为国际化标签，主要用于数据的格式化，可以对页面编码方式、输出文本、日期、时间、数字等数据进行格式的标准化，从而完成数据显示的通用性和国际化。此外，还能够定义以及引用相关资源，以备 JSP 页面使用。引用格式化标签的语法如下：

```
<%@taglib prefix = "fmt" uri = "http://java.sun.com/jsp/jstl/fmt" %>
```

JSTL 提供的格式化标签如表 8-7 所示。

表 8-7　JSTL 提供的格式化标签

功能分类	标签名称	标签功能
消息格式化	< fmt:requestEncoding >	为请求设置字符编码
	< fmt:message >	显示资源文件中定义的消息
	< fmt:param >	为 message 显示参数值
	< fmt:bundle >	定义资源束
	< fmt:setBundle >	载入资源束
数字和日期格式化	< fmt:timeZone >	设置时区
	< fmt:setTimeZone >	指定 TimeZone 时区
	< fmt:formatNumber >	数字格式化
	< fmt:parseNumber >	解析数字
	< fmt:formatDate >	格式化日期
	< fmt:parseDate >	解析日期
区域设置	< fmt:setLocale >	设置 Locale 环境

8.2.6 SQL 标签库

SQL 标签库提供了与数据库进行交互的功能，引用 SQL 标签的语法如下所示。

```
<%@ taglib prefix = "sql" uri = "http://java.sun.com/jsp/jstl/sql" %>
```

JSTL 提供的 SQL 标签如表 8-8 所示。

注意,JSP 本身作为表示层,不应该出现过多数据库操作的业务逻辑代码。因此,一般不推荐在 JSP 页面直接使用 SQL 标签库。

表 8-8　JSTL 提供的 SQL 标签

功能分类	标签名称	标签功能
数据库标签	< sql:setDateSource >	设置数据源
	< sql:query >	执行查询语句
	< sql:update >	执行更新语句
	< sql:param >	将 SQL 语句中的参数设为指定值
	< sql:dateParam >	将日期参数设为指定的 java.util.Date 对象
	< sql:transaction >	将所有语句以一个事务的形式来运行

8.2.7　XML 标签库

XML 标签库提供了创建和操作 XML 文档的标签。引用 XML 标签的语法如下所示。

```
<%@taglib prefix = "x" uri = "http://java.sun.com/jsp/jstl/xml" %>
```

JSTL 提供的 XML 标签如表 8-9 所示。

表 8-9　JSTL 提供的 XML 标签

功能分类	标签名称	标签功能
基本操作	< x:out >	输出 XPath 表达式
	< x:parse >	解析 XML 数据
	< x:set >	设置 XPath 表达式
流程控制	< x:if >	判断 XPath 表达式
	< x:forEach >	迭代 XML 文档中的节点
	< x:choose >	< x:when >和< x:otherwise >的父标签
	< x:when >	< x:choose >子标签,用来进行条件判断
	< x:otherwise >	< x:choose >子标签,当< x:when >判断为 false 时执行
转换	< x:transform >	将 XSL 转换为 XML 文档中
	< x:param >	与< x:transform >共同使用,用于设置 XSL 样式表

第 9 章 过滤器与监听器

9.1 过滤器与监听器概述

9.1.1 过滤器

在前面章节的示例中，每当页面需要传递中文参数或者显示中文时，都需要在 JSP 页面或者 Servlet 中指定编码方式。显然，这种方式过于低效，造成代码冗余。因此，能否通过某种方式指定该 Web 应用系统中所有请求、响应的编码格式呢？这就需要使用过滤器（Filter）。

过滤器是 Web 容器的一个组件，可以根据匹配规则，对 JSP、Servlet 或者 HTML 文件等进行处理。当请求提交给服务器时，服务器会判断该文件是否与特定的过滤规则相关联，如果关联，就将该请求提交给过滤器进行处理，在过滤完成后，服务器再处理接下来的业务流程。处理响应的时候也是类似，先由过滤器对响应资源进行处理，最后再提交给客户端。Web 容器中可以配置多个过滤器，这些过滤器将按照配置的先后顺序，对匹配资源依次进行处理，形成过滤器链（Filter Chain）。过滤器的工作方式如图 9-1 所示。

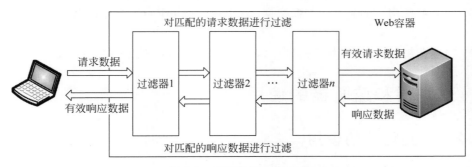

图 9-1 过滤器的工作方式

过滤器常见的使用场景，除了上面提到的处理请求以及响应的编码方式外，在权限控制、日志记录以及公共数据的提取方面也非常适用。

9.1.2 监听器

监听器与过滤器一样，也是一种 Web 组件，用于监听 Web 应用中上下文信息（ServletContext）、请求信息（ServletRequest）、会话信息（HttpSession）等对象。当上述对象执行了某些方法或者属性改变时,监听器将根据需要调用相应方法进行处理。

如果想在 Web 应用中使用监听器,需要下面 4 个条件。

(1) 存在被监听的事件源。

(2) 提供了实现监听器接口的监听器组件。

(3) 当事件源发生后,触发监听器,并将被监听的事件传递给监听器。

(4) 监听器调用对应方法进行处理。

在实际 Web 应用中,需要对某些信息进行监控和统计,比如统计网站总访问量以及实时在线的用户人数。这些数据都可以通过监听器对特定对象触发的事件进行监听从而获取。

9.1.3 Filter、Listener、Servlet

下面讨论 Tomcat 作为 Java Web 容器,在 Java Web 应用在运行期间,如何运行 Servlet、Filter 以及 Listener 这 3 个重要组件。当 Tomcat 服务器启动并加载 Web 项目后,可执行如下步骤。

(1) 首先读取 Web 项目的配置文件 web.xml,查找 < listener ></listener > 和 < context-param ></context-param >两个节点,读取监听器和全局参数的配置信息。

(2) 容器创建一个 ServletContext 对象,即 Web 应用的上下文,负责整个项目运行时的环境。

(3) 容器将< context-param ></context-param >节点中的参数传递给 ServletContext,以便初始化 Web 应用。

(4) 容器根据< listener ></listener >节点信息,实例化监听器组件,并根据 Listener 配置对相应对象进行监听。

(5) 容器根据< filter ></filter >节点信息,对过滤器进行实例化。

(6) 当需要使用 Servlet 时,容器根据< serlvet/>< serlvet/>节点信息,实例化并运行相应 Servlet 对象。

(7) 当容器销毁时,按照相反的顺序,依次销毁 Servlet、Filter 和 Listener。

9.2 过滤器和监听器的使用

9.2.1 过滤器的使用

1. javax.servlet.Filter 接口

要想在 Web 项目中使用过滤器,就必须创建过滤器,并且过滤器需要实现 javax.servlet.Filter 接口。该接口需要实现以下 3 个方法。

(1) public void init(Filter config):该方法表示当过滤器初始化时的动作,可以读取参数 config 封装的配置信息。

(2) public void destroy():该方法表示当过滤器消亡时的动作。

(3) public void doFilter(ServletRequest req,ServletResponse resp,FilterChain chain):该方法表示过滤时的动作。其中,前两个参数分别表示请求与响应,最后一个参数 FilterChain

表示过滤器链对象,如果请求通过了 doFilter()方法,就放行该请求,并提交给下一个过滤器。

一个典型的过滤器代码如下:

```
public class TestFilter implements Filter {
    public void init(FilterConfig fc) {
        //编写过滤器初始代码,可以读取配置文件中的参数
    }
    public void doFilter(ServletRequest request,
    ServletResponse response, FilterChain chain) {
    //在 chain.doFilter()方法前编写过滤器对匹配的资源进行处理的代码
    chain.doFilter(request, response); //将请求传递到下一个过滤器
    }
    public void destroy( ) {
        //编写过滤器被销毁时执行的代码
    }
}
```

2. 过滤器的创建与配置

下面通过例 9-1 来讲解如何创建过滤器以及配置过滤规则。

【**例 9-1**】 创建过滤器及配置过滤规则。

(1) 在 Eclipse 中新建一个 Web 项目,取名为 Chapt_09。在 src 目录下,新建一个名为 com.test.filter 的包。选中该包并按 Ctrl+N 组合键,在弹出的菜单中选择 Web→Filter。选择创建过滤器,如图 9-2 所示,单击 Next 按钮。

视频讲解

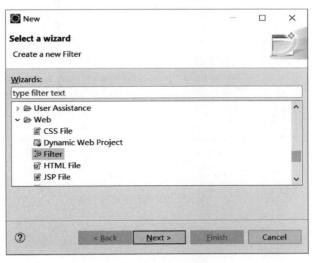

图 9-2 选择创建过滤器

(2) 为创建的过滤器命名,如图 9-3 所示。在弹出的 Create Filter 对话框的 Class name 的文本框内输入 TestFilter 后,单击 Next 按钮。

(3) 为过滤器添加过滤规则,如图 9-4 所示。在 Filter mapping 设置部分,单击 Add 按钮,在弹出的对话框中选中 URL pattern 单选框,并在 Pattern 下的文本框中填写

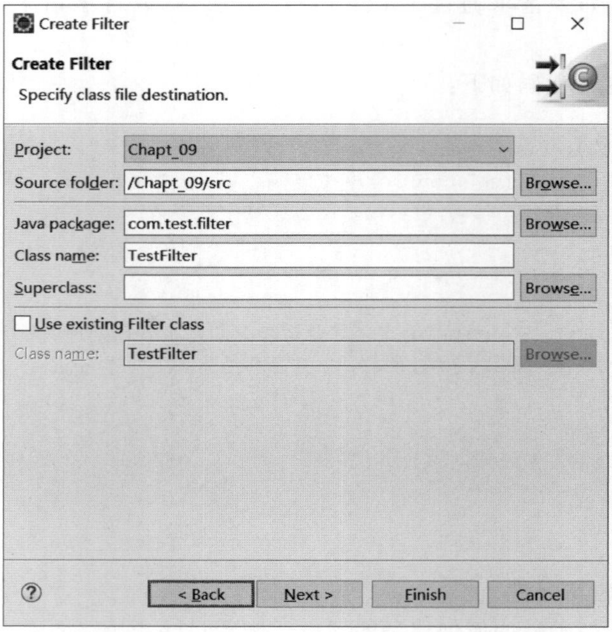

图 9-3　为创建的过滤器命名

/TestServlet，单击 OK 按钮，返回到 Create Filter 选项卡中并单击 Finish 按钮，即完成了对过滤器的设置。

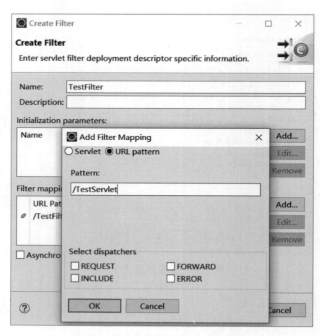

图 9-4　为过滤器添加过滤规则

(4) 根据以上配置，TestFilter.java 源文件自动生成的代码如下：

```java
package com.test.filter;
import java.io.IOException;
import javax.servlet.Filter;
import javax.servlet.FilterChain;
import javax.servlet.FilterConfig;
import javax.servlet.ServletException;
import javax.servlet.ServletRequest;
import javax.servlet.ServletResponse;
import javax.servlet.annotation.WebFilter;
@WebFilter({"/TestServlet" })
public class TestFilter implements Filter {
    public TestFilter() {
    }
    public void destroy() {
    }
    public void doFilter(ServletRequest request,
    ServletResponse response, FilterChain chain) throws IOException,ServletException {
        chain.doFilter(request, response);
            }
        public void init(FilterConfig fConfig) throws ServletException {
            }
}
```

以上操作步骤是对一个过滤器的创建和过滤规则的配置，即 TestFilter 过滤器对访问路径为/TestServlet 的访问资源进行过滤。

(5) 在 TestFilter 类中的各方法中填写代码如下：

```java
public TestFilter() {
    System.out.println("过滤器构造器函数运行");
}
public void destroy() {
    System.out.println("过滤器消亡函数运行");
}
public void doFilter(ServletRequest request, ServletResponse response, FilterChain chain)
    throws IOException, ServletException {
    System.out.println("对请求进行过滤处理");
    chain.doFilter(request, response);
    System.out.println("执行 chain.doFilter 方法后面的代码");
}
public void init(FilterConfig fConfig) throws ServletException {
    System.out.println("过滤器初始化函数运行");
}
```

(6) 在 src 目录下新建一个名为 com.test.servlet 的包，在该包下新建一个名为 TestServlet 的 Servlet，匹配 URL 为/TestServlet，然后编写代码如下：

```java
@WebServlet("/TestServlet")
public class TestServlet extends HttpServlet {
    private static final long serialVersionUID = 1L;
    public TestServlet() {
        System.out.println("Servlet构造函数运行");
    }
    protected void doGet(HttpServletRequest request, HttpServletResponse response)
            throws ServletException, IOException {
        System.out.println("Servlet请求处理");
    }
    protected void doPost(HttpServletRequest request, HttpServletResponse response)
            throws ServletException, IOException {
        doGet(request, response);
    }
}
```

(7) 验证当访问/TestServlet时,过滤器TestFilter是否对其进行过滤。

首先启动Tomcat,运行项目Chapt_09,在浏览器中输入http://localhost:8080/Chapt_09。Tomcat服务器启动后的后台输出显示如图9-5所示。此时控制台输出了过滤器构造函数与初始函数中的输出语句,说明当Web容器启动时,先初始化过滤器TestFilter。

```
信息: 至少有一个jar被扫描用
过滤器构造函数运行
过滤器初始化函数运行
```

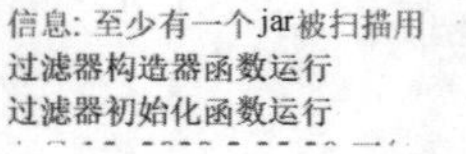

图9-5　Tomcat服务器启动后的后台输出显示

其次,再访问TestServlet,在浏览器中输入http://localhost:8080/Chapt_09/TestServlet,此时匹配过滤规则,因此过滤器对该Servlet请求进行了过滤。进行过滤后的Tomcat服务器控制台输出如图9-6所示。

```
Problems  Search  Console  Servers
Tomcat v9.0 Server at localhost [Apache Tomcat] E:\ap
Servlet构造函数运行
对请求进行过滤处理
Servlet请求处理
执行chain.doFilter方法后面的代码
```

图9-6　进行过滤后的Tomcat服务器控制台输出

通过以上结果可以得出以下结论。

(1) 过滤器在服务器启动时也随之初始化。

(2) 当符合过滤规则的URL请求访问时,首先调用Filter的doFilter()函数,对请求进行过滤,过滤完毕后,过滤器执行chain.doFilter(request,response)语句,将请求提交给过滤链中的下一个过滤器。

(3) 当所有过滤器都执行完对请求的过滤后,服务器执行Servlet处理请求的doGet()函数。

(4) 执行完Servlet的代码后,再执行chain.doFilter语句的后续代码。

注意,在上面的例子中,TestFilter类使用了以下注解语句:

```
@WebFilter({ "/TestServlet" })
```

该注解表示对访问 URL 为/TestServlet 的请求进行过滤。和 Servlet 配置一样,也可以在 web.xml 文件中对 Filter 进行过滤规则的配置。上面的注解等价于在 web.xml 中编写下面的配置语句:

```
<filter>
<filter-name>TestFilter</filter-name>
<filter-class>com.test.filter.TestFilter</filter-class>
</filter>
<filter-mapping>
  <filter-name>TestFilter</filter-name>
  <url-pattern>/TestServlet</url-pattern>
</filter-mapping>
```

注意,在<filter></filter>标签体内部还可以通过<param-name>和<param-value>两个标签来设置初始化参数,也可以通过上面创建 Filter 的第(3)步中的选项卡里的 initialization parameters 来设置。

事实上,在 url-pattern 过滤规则中可以非常灵活地指定需要过滤的资源,一般有以下 3 种。

(1) 过滤一个或多个 Servlet 或者 JSP 文件。
① 注解的形式如下:

```
@WebFilter({ "path/Servlet1", "path/Servlet2","path/XXX.jsp"...})
```

② 在 web.xml 中编写语句如下:

```
<filter>
  <filter-name>过滤器名称</filter-name>
  <filter-class>过滤器的类名</filter-class>
</filter>
<filter-mapping>
  <filter-name>过滤器名称</filter-name>
  <url-pattern>/ path/Servlet1 </url-pattern>
</filter-mapping>
<filter-mapping>
  <filter-name>过滤器名称</filter-name>
  <url-pattern>/ path/Servlet2 </url-pattern>
</filter-mapping>
<filter-mapping>
  <filter-name>过滤器名称</filter-name>
  <url-pattern>/ path/XXX.jsp </url-pattern>
…
</filter-mapping>
```

该方式一般针对特定的 Servlet 或者 JSP 文件进行过滤处理。

(2) 过滤一个或者多个目录下的资源。

① 注解的形式如下：

```
@WebFilter({ "path/*"})
```

② 在 web.xml 中编写语句如下：

```
<filter>
  <filter-name>过滤器名称</filter-name>
  <filter-class>过滤器的类名</filter-class>
</filter>
<filter-mapping>
  <filter-name>过滤器名称</filter-name>
  <url-pattern>/path/*</url-pattern>
</filter-mapping>
```

注意，此时使用了通配符 *，表示路径下的所有文件。

(3) 过滤所有文件。

① 注解的形式如下：

```
@WebFilter({ "/*"})
```

② 在 web.xml 中编写语句如下：

```
<filter>
  <filter-name>过滤器名称</filter-name>
  <filter-class>过滤器的类名</filter-class>
</filter>
<filter-mapping>
  <filter-name>过滤器名称</filter-name>
  <url-pattern>/*</url-pattern>
</filter-mapping>
```

注意，url-pattern 内部以"/"开头，"/"表示的是应用系统的根目录。

另外，在<filter-mapping>内部还可以通过<dispatcher>标签更加细化地指定过滤的 URL 的请求方式，该元素的值有以下 4 种。

(1) request：直接由客户端输入对应 URL 的访问请求。

(2) forward：通过 request 转发中的 forward 方式跳转的访问请求。

(3) include：通过 request 转发中的 include 方式跳转的访问请求。

(4) error：通过<error-page>跳转的访问请求。

请求方式的配置也可以在图 9-4 中的 Select dispatchers 部分进行设置，设置后会直接在注解中生成对应的配置语句。如果没有在配置文件中指定<dispatcher>标签元素，也没有在注解中指定，就默认只过滤 request 方式。

3. 利用过滤器处理中文乱码

下面通过例 9-2 来演示利用过滤器对所有的请求以及响应的编码进行设置,从而不再需要在每个页面中指定编码方式的操作步骤。

【例 9-2】 过滤器设置请求和响应的编码方式。

(1) 在 WebContent 下新建一个 form.html,代码如下:

视频讲解

```html
<!DOCTYPE html>
<html>
<head>
<meta charset="UTF-8">
</head>
<body>
<form action="EncodingServlet" method="post">
传递的中文参数:<input type="text" name="param">
<input type="submit" value="提交">
</form>
</body>
</html>
```

(2) 在 com.test.servlet 包下,新建一个名为 EncodingServlet 的 Servlet 类,在 doGet()方法内编写代码如下:

```java
protected void doGet(HttpServletRequest request,
HttpServletResponse response) throws ServletException, IOException {
String param = request.getParameter("param");
if(param!= null) {
    System.out.println(param);
request.getSession().setAttribute("param", param);
    response.sendRedirect("showparam.jsp");
}
```

(3) 在 WebContent 下新建一个 showparam.jsp,代码如下:

```jsp
<%@ page language="java" contentType="text/html; charset=UTF-8"
   pageEncoding="UTF-8"%>
<!DOCTYPE html>
<html>
<head>
<meta http-equiv="Content-Type" content="text/html; charset=UTF-8" />
</head>
<body>
<%=session.getAttribute("param") %>
</body>
</html>
```

(4) 当在 form.html 中填写中文参数"你好"时,通过 POST 方式提交给 EncodingServlet 处理,EncodingServlet 获取传递的中文参数,然后将该参数打印输出到控制台,并且将该参数存储在 session 中,并跳转到 showparam.jsp 页面,在该页面中输出 session 中存储的中文参数值。但此时控制台以及 showparam.jsp 页面均显示为乱码,如图 9-7 和图 9-8 所示。

信息: Reloading Context with name [/Chapt_09] is completed
ã½ â¥½

图 9-7　控制台显示中文乱码

ã½ â¥½

图 9-8　showparam.jsp 页面显示为乱码

这是由于没有指定 request 的编码方式,在 3.5.1 节中,需要在每个处理请求的 Servlet 的 doGet()方法中添加下面一条语句,以解决中文乱码问题。

```
request.setCharacterEncoding("UTF-8");
```

(5) 使用过滤器的方式对所有请求方式的编码进行设置。在 com.test.filter 包下,新建一个名为 EncodingFilter 的过滤器,然后在 filter mapping 选项中填写匹配 pattern 路径为/*,表示对所有文件进行过滤,配置完毕后,在 EncodingFilter 类上面会有一条注解 @WebFilter("/*")。在 doFilter()方法体内编写代码如下:

```
public void doFilter(ServletRequest request, ServletResponse response, FilterChain chain)
    throws IOException, ServletException {
    request.setCharacterEncoding("UTF-8");
    chain.doFilter(request, response);
    response.setCharacterEncoding("UTF-8");
}
```

上述代码表示对所有请求以及响应的编码方式均设置为 UTF-8。再次在 form.html 中填写中文参数并提交后,控制台以及 JSP 页面的中文均显示正常。

4. 利用过滤器处理访问权限

下面通过例 9-3 来讲解使用过滤器设置页面的访问权限。

【例 9-3】　过滤器设置页面访问权限。

在 Web 应用系统的登录页面输入用户名和密码后,进入个人主页。

注意,该页面只有用户在登录成功的状态下才能访问,否则无法访问。

视频讲解

(1) 首先在 WebContent 下新建一个名为 login.html 的文件,编写代码如下:

```html
<!DOCTYPE html>
<html>
<head>
<meta charset="UTF-8">
</head>
<body>
<form action="LoginServlet" method="post">
```

```
用户名:<input type="text" name="username"><br>
密   码:<input type="password" name="password">
<br>
<input type="submit" value="提交"><input type="reset" value="取消">
</form>
</body>
</html>
```

(2) 然后,在 com.test.servlet 包下,新建一个 Servlet,名为 LoginServlet,在 doGet()方法下编写代码如下:

```
protected void doGet(HttpServletRequest request, HttpServletResponse response) throws ServletException, IOException {
String username = request.getParameter("username");
String password = request.getParameter("password");
if(username!= null&&password!= null) {
if(username.equals(password)) {
request.getSession().setAttribute("username", username);
response.sendRedirect("user/index.jsp");
    }
   }
}
```

(3) 在 WebContent 下新建一个文件夹,取名为 user,然后在该路径下新建一个名为 index.jsp 的文件,编写代码如下:

```
<%@ page language="java" contentType="text/html; charset=UTF-8"
    pageEncoding="UTF-8"%>
<!DOCTYPE html>
<html>
<head>
<meta http-equiv="Content-Type" content="text/html; charset=UTF-8" />
</head>
<body>
欢迎你,<%= session.getAttribute("username") %>
</body>
</html>
```

在 login.html 页面中输入用户名和密码,提交给 LoginServlet 处理。若输入的 username 属性和 password 属性的值相等时,则通过验证,并将用户名存储到 HttpSession 中,跳转到 /user/index.jsp 页面显示用户名。如果未经登录操作而直接访问用户首页,就无法显示用户名,如图 9-9 所示。

图 9-9 未经登录操作直接访问用户首页无法显示用户名

显然,这种结果对用户体验是不友好的。事实上,/user 路径下的所有文件都应需要通过登录后才能访问,因此可以使用过滤器对该路径下的文件进行过滤设置,以防止页面的非授权访问。

(4) 在 com.test.filter 包下新建一个名为 PrivilegeFilter 的过滤器,然后在 filter mapping 选项部分,输入匹配 pattern 为/user/*,表示对 user 路径下的所有文件进行过滤。创建完 EncodingFilter 后,在 PrivilegeFilter 类上面的注解代码为@WebFilter("/user/*")。然后在 doFilter()方法体内编写代码如下:

```java
public void doFilter(ServletRequest request, ServletResponse response, FilterChain chain)
throws IOException, ServletException {
    HttpServletRequest httpRequest = (HttpServletRequest)request;
    HttpServletResponse httpResponse = (HttpServletResponse)response;
    HttpSession session = httpRequest.getSession();
    String username = (String)session.getAttribute("username");
    if(username == null) {
    httpResponse.setHeader("Content-type","text/html;charset=UTF-8");
httpResponse.getWriter().append("你还没有登录,
5秒后回到登录页面……");
    httpResponse.setHeader("Refresh", "5;URL=../login.html");}
    else {
    chain.doFilter(request, response);
    }
```

上述代码需要在过滤器中使用 HttpSession 对象,因此将 ServletRequest 以及 ServletResponse 类型的参数进行了强制转换,然后判断 HttpSession 对象中是否存储了 username 属性。如果没有,则说明是没有经过登录操作的非授权访问。在没有登录的情况下,直接在浏览器中访问/user/index.jsp,此时过滤器对请求进行拦截并处理。过滤器拦截未经登录就访问用户首页的请求,如图 9-10 所示。此时页面输出提示信息,并在 5 秒后跳转到登录页面。

图 9-10 过滤器拦截未经登录就访问用户首页的请求

9.2.2 监听器的使用

1. 监听器的分类

根据监听对象的不同,监听器可以分为以下 3 类。

(1) ServletRequest 事件监听器:用于监听请求消息对象。

(2) HttpSession 事件监听器:用于监听用户会话对象。

(3) ServletContext 事件监听器:用于监听应用程序环境对象。

要想使用监听器,必须实现相应的监听接口和事件类。上述监听器包含了 8 个监听接口、6 个监听事件类,监听器的接口以及对应的监听事件如表 9-1 所示。

表 9-1　监听器的接口以及对应监听事件

监听对象	要实现的监听接口	监听事件类
ServletRequest	ServletRequestListener	ServletRequestEvent
	ServletRequestAttributeListener	ServletRequestAttributeEvent
HttpSession	HttpSessionListener	HttpSessionEvent
	HttpSessionActivationListener	
	HttpSessionAttributeListener	HttpSessionBindingEvent
	HttpSessionBindingListener	
ServletContext	ServletContextListener	ServletContextEvent
	ServletContextAttributeListener	ServletContextAttributeEvent

每一种监听接口根据不同的监听激发条件,定义了不同的接口方法。

(1) ServletRequest 对象:监听 ServletRequest 对象本身的变化(创建和销毁),也可以监听 ServletRequest 对象属性的变化(增、删以及修改操作)。监听 ServletRequest 对象常用的接口方法与激发条件如表 9-2 所示。

表 9-2　监听 ServletRequest 对象常用的接口方法与激发条件

接口名称	接口方法	激发条件
ServletRequestAttributeListener	public void attributeAdded(ServletRequestAttributeEvent evt)	增加属性
	public void attributeRemoved(ServletRequestAttributeEvent evt)	删除属性
	public void attributeReplaced(ServletRequestAttributeEvent evt)	修改属性
ServletRequestListener	public void requestInitialized(ServletRequestEvent evt)	创建对象
	public void requestDestroyed(ServletRequestEvent etv)	销毁对象

(2) HttpSession 对象:监听 HttpSession 对象本身的变化(创建和销毁),也可以监听 HttpSession 对象属性的变化(增、删以及修改操作),还可以监听 HttpSession 对象是否绑定到该监视器对象上。监听 HttpSession 对象常用的接口方法与激发条件如表 9-3 所示。

表 9-3　监听 HttpSession 对象常用的接口方法与激发条件

接口名称	接口方法	激发条件
HttpSessionAttributeListener	public void attributeAdded(HttpSessionBindingEvent evt)	增加属性
	public void attributeRemoved(HttpSessionBindingEvent evt)	删除属性
	public void attributeReplaced(HttpSessionBindingEvent evt)	修改属性
HttpSessionListener	public void sessionCreated(HttpSessionEvent evt)	创建对象
	public void sessionDestroyed(HttpSessionEvent evt)	销毁对象
HttpSessionActivationListener	public void sessionDidActivate(HttpSessionEvent evt)	会话刚被激活
	public void sessionWillPssivate(HttpSessionEvent evt)	会话将要钝化
HttpSessionBindingListener	public void valueBound(HttpSessionBindingEvent evt)	调用设置属性方法
	public void valueUnbound(HttpSessionBindingEvent se)	调用移除属性方法

(3) ServletContext 对象:监听 ServletContext 对象本身的变化(创建和销毁),也可以监听 ServletContext 对象属性的变化(增、删以及修改操作)。监听 HttpSession 对象常用的接口方法与激发条件,如表 9-4 所示。

表 9-4 监听 HttpSession 对象常用的接口方法与激发条件

接口名称	接口方法	激发条件
ServletContextAttributeListener	public void attributeAdded(ServletContextAttributeEvent evt)	增加属性
	public void attributeRemoved(ServletContextAttributeEvent evt)	删除属性
	public void attributeReplaced(ServletContextAttributeEvent evt)	修改属性
ServletContextListener	public void contextInitialized(ServletContextEvent evt)	创建对象
	public void contextDestroyed(ServletContextEvent evt)	销毁对象

2. 监听器的创建与配置

下面通过例 9-4 来讲解如何编写监听器以及配置监听事件。

【例 9-4】 监听器的创建以及监听事件配置。

（1）在 src 目录下创建一个名为 com.test.listener 的包，选中该包并按 Ctrl+N 组合键，在弹出的对话框中选择 Web→Listener。选择创建监听器，如图 9-11 所示，然后单击 Next 按钮。

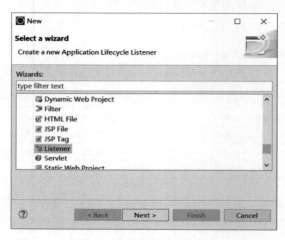

图 9-11 选择创建监听器

（2）在弹出的 Create Listerner 对话框中对监听器进行命名，如图 9-12 所示。在 Class name 文本框内输入 TestListener，单击 Next 按钮。

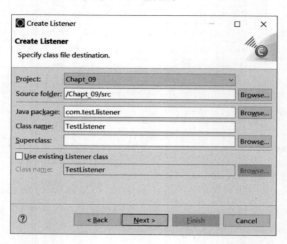

图 9-12 在 Create Listerner 对话框中对监听器进行命名

（3）在监听对象事件选项中，选中需要监听的对象事件，如图 9-13 所示。此处选择监听 HttpSession 对象，以及其属性的改变，然后单击 Next 按钮。

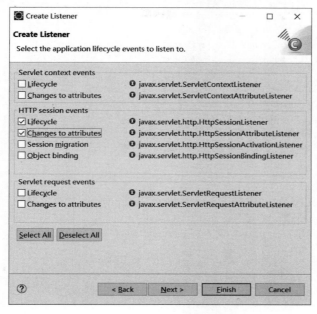

图 9-13　选中要监听的事件

（4）确定监听器对象要实现的接口，如图 9-14 所示。单击 Finish 按钮即可完成对监听器的创建。

图 9-14　确定监听器要实现的接口

此时，IDE自动生成了TestListener.java需要实现的接口方法名称，代码如下：

```
import javax.servlet.annotation.WebListener;
import javax.servlet.http.HttpSessionAttributeListener;
import javax.servlet.http.HttpSessionBindingEvent;
import javax.servlet.http.HttpSessionEvent;
import javax.servlet.http.HttpSessionListener;
@WebListener
public class TestListener implements HttpSessionListener,
HttpSessionAttributeListener {
    public TestListener() {
    }
    public void sessionCreated(HttpSessionEvent se) {
    }
    public void sessionDestroyed(HttpSessionEvent se) {
    }
    public void attributeAdded(HttpSessionBindingEvent se) {
    }
    public void attributeRemoved(HttpSessionBindingEvent se) {
    }
    public void attributeReplaced(HttpSessionBindingEvent se) {
    }
}
```

注意，在TestListener类的上面一行出现了@WebListener的注解语句，表明这是一个Web监听器。这条注解等价于在web.xml中编写了如下配置。

```
<listener>
  <listener-class>com.test.listener.TestListener</listener-class>
</listener>
```

如果想实现具体的监听功能，就必须实现接口中定义的相关方法。

3．利用监听器统计访问量及在线人数

如何利用监听器实现统计网站的访问量以及在线人数，思路可以概括为以下两点。

（1）用户每次访问网站，Web服务器都会创建一个session分配给客户端，因此可以利用监听器对HttpSession对象的创建事件进行监听，每当创建一个HttpSession对象时，则访问次数加一。

（2）当用户登录到Web应用系统后，一般会将用户名username存储到HttpSession对象中，而当用户退出后，HttpSession对象将会被销毁，此时存储到HttpSession对象的用户名属性也会被删除。因此可以通过监听HttpSession对象的username属性的创建和删除的事件，从而记录实时在线人数。

下面通过例9-5来演示如何创建一个监听器，以实现统计网站访问量以及在线人数的功能。

【例9-5】 创建监听器以实现统计网站访问量以及在线人数。

（1）使用9.2节中编写的login.html以及LoginServlet作为用户登录页面和处理登录请求的Servlet，在com.test.Servlet包中添加一个名为LogoutServlet的Servlet，其主要代

视频讲解

码如下：

```java
@WebServlet("/LogoutServlet")
public class LogoutServlet extends HttpServlet {
private static final long serialVersionUID = 1L;
protected void doGet(HttpServletRequest request,
HttpServletResponse response) throws ServletException, IOException {
    HttpSession session = request.getSession(false);
    if(session!= null) {
        if(session.getAttribute("username")!= null)
        session.invalidate();
        response.sendRedirect("login.html");
        }
    }
    protected void doPost(HttpServletRequest request,
HttpServletResponse response) throws ServletException,
IOException {
        doGet(request, response);
    }
}
```

（2）在9.2.1节编写的index.jsp文件中的<body>标签体内部，编写代码如下：

```jsp
<body>欢迎你,<% = session.getAttribute("username") %>
<a href="../LogoutServlet">退出登录</a>
</body>
```

（3）修改之前创建 TestListener 类，主要代码如下：

```java
@WebListener
public class TestListener implements HttpSessionAttributeListener, HttpSessionListener {
    //私有类属性 count 表示访问量
    private int count = 0;
    //私有类属性 usercount 表示在线人数数量
    private int usercount = 0;
    public TestListener() {
    }
    public void sessionCreated(HttpSessionEvent se) {
      count++;                              //新增 HttpSession 对象表明访问量加 1
      HttpSession session = se.getSession();
      ServletContext context = session.getServletContext();
      context.setAttribute("count", count);      //将访问量存储到全局属性中
    }
    public void sessionDestroyed(HttpSessionEvent se) {
    }
    public void attributeAdded(HttpSessionBindingEvent se) {
      String attribute = se.getName();           //获取 HttpSession 中增加属性的名称
      //如果新增属性名称是 username,表示有新的用户登录,则在线人数加 1
        if(attribute.equals("username")) usercount++;
```

```
            HttpSession session = se.getSession();
            ServletContext context = session.getServletContext();
            //将在线用户数量存储到全局属性中
            context.setAttribute("usercount", usercount);
    }
    public void attributeRemoved(HttpSessionBindingEvent se) {
        String attribute = se.getName();                    //获取 HttpSession 中删除属性的名称
//如果删除属性名称是 username,表示有新的用户退出登录,则在线人数减 1。
        if(attribute.equals("username")) usercount -- ;
            HttpSession session = se.getSession();
            ServletContext context = session.getServletContext();
            //将在线用户数量存储到全局属性中
            context.setAttribute("usercount", usercount);
    }
}
```

(4) 在 WebContent 下新建一个名为 statistic.jsp 的文件,用以显示网站访问总量以及实时在线人数,在<body>标签体内添加代码如下:

```
<body>历史访问总量:
<% = (application.getAttribute("count") == null )?0:application.
getAttribute("count") %><br>
在线用户人数:
<% = (application.getAttribute("usercount") == null )?0:application.
getAttribute("usercount") %>
</body>
```

在编写完成后,就开始部署项目,在火狐浏览器中输入 http://localhost:8080/Chapt_09/statistic.jsp。首次访问统计页面如图 9-15 所示,说明监听器已经监听到 HttpSession 的创建。

图 9-15　首次访问统计页面

为了模拟不同客户端用户的访问,打开谷歌浏览器,输入访问 URL 为 http://localhost:8080/Chapt_09/login.html,填写用户名和密码,提交,页面跳转到/user/index.jsp 页面。此时在火狐浏览器中刷新 statistic.jsp 页面,查看用户登录后统计页面的数据,如图 9-16 所示,说明监听器已经监听到 HttpSession 对象添加了 username 属性。

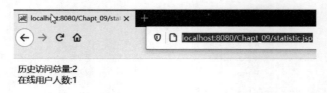

图 9-16　查看用户登录后统计页面的数据

在谷歌浏览器的/user/index.jsp 页面中单击"退出"超链接,在火狐浏览器中刷新 statistic.jsp 页面,查看用户退出后统计页面的数据,如图 9-17 所示。说明此时监听器已经监听到 HttpSession 对象删除了 username 属性。

图 9-17　查看用户退出后统计页面的数据

第10章 AJAX技术

10.1 AJAX 技术概述

同一个网站中的不同页面,可以包含类似的结构,例如网页结构可以分为三个部分:最上面是页面导航链接部分;最下面是网页的页脚部分,用以显示如联系方式、备案信息等;中间为侧边导航栏以及内容显示区域。页面的整体结构如图 10-1 所示。

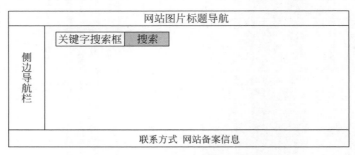

图 10-1　页面的整体结构

假设功能区中有一个搜索功能,如果按照之前章节的处理方式,就可以通过表单提交给 Servlet,然后连接数据库进行处理,将结果重定向到另一个用以显示结果的页面。但是这种方式存在以下一些问题。

(1) 如果访问过多,服务器或者数据库无法及时响应,此时页面无法立即跳转,甚至出现页面显示不完整、部分内容正常显示以及部分内容空白的情况。

(2) 跳转后的页面除了检索结果部分,其他部分的结构和内容与之前的页面基本一致,需要重新加载并渲染,增加了服务器的负担。

能否有一种方案可以达到这样的效果:在不刷新浏览器页面的情况下,在页面上进行一些操作(如表单提交),向服务器端发送请求,并采用异步的方式,当服务器端程序响应完毕后,再将结果返回给页面,在页面中进行局部内容的刷新,在此过程中,页面其他部分的内容不受影响。

AJAX(Asynchronous JavaScript and XML,异步 JavaScript 和 XML) 技术能够实现以上需求。该技术能够在不重新加载整个网页的情况下,前端页面向服务器发送异步请求,并与服务器进行少量数据交换,从而实现页面的局部更新。发送 AJAX 请求页面的结构如图 10-2 所示。

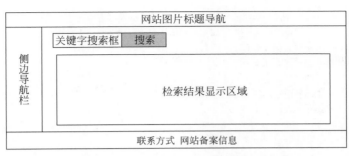

图 10-2　发送 AJAX 请求页面的结构

AJAX 技术是多种技术的综合运用，包括 HTML、CSS、JavaScript、DOM（document object Model）、XML 等。一般情况下，AJAX 请求是通过触发页面中的某个事件，并向后端服务器提出异步请求。这包括以下 6 个步骤。

（1）指定发出 AJAX 请求的事件及处理方法，以及得到响应后需要刷新的页面区域。

（2）根据不同的浏览器对象，获取发送 AJAX 请求的 XMLHttpRequest 对象。

（3）在处理 AJAX 请求的方法中，指定 AJAX 请求的方式，目标应用程序，如果有需要，还可以添加请求参数。

（4）指定处理 AJAX 响应的方法，处理返回的结果可能是 text 纯文本、XML、HTML、JSON 等格式，一般需要通过 JavaScript 将返回的结果进行解析。

（5）等待 AJAX 异步请求返回响应，通过 JavaScript 操作 DOM 对象，将解析的结果动态地写入页面对应的节点。

（6）使用 XMLHttpRequest 对象发送异步请求。

10.2　AJAX 开发

10.2.1　AJAX 请求示例

下面通过例 10-1 来讲解 AJAX 开发步骤。

【例 10-1】　AJAX 开发步骤。

假设在主页中有一个按钮，当单击该按钮后，向后端服务器发出 AJAX 请求，返回一些文本信息，并将文本信息的内容显示到按钮下面的 div 部分，以实现页面的局部刷新。下面按照 10.1 节介绍的步骤进行开发。

（1）新建一个 Web 项目，取名为 Chapt_10，在 WebContet 下新建一个 JSP 页面，命名为 index.jsp，编写代码如下：

视频讲解

```
<!DOCTYPE html>
<html>
<head>
<meta http-equiv="Content-Type" content="text/html; charset=UTF-8" />
</head>
<body>
```

```jsp
<% -- 步骤1:指定AJAX请求触发的事件及处理方法,以及要刷新的节点 -- %>
<input type="button" value="发送AJAX请求"
  onclick="ajaxRequest()"></input>
<div id="ajax_result"></div>
<script>
<% -- 该方法用于探测浏览器版本,以获取AJAX对象 -- %>
function getAjaxObject(){
    var xmlHttp;
    if(window.XMLHttpRequest)
      {// IE 7+、Firefox、Chrome、Opera、Safari 浏览器执行代码
        xmlHttp=new XMLHttpRequest();
      }else
      {// IE 6、IE 5 浏览器执行代码
        xmlHttp=new ActiveXObject("Microsoft.XMLHTTP");
      }
    return xmlHttp;
}
function ajaxRequest(){
<% -- 步骤2:调用getAjaxObject()方法获取XMLHttpRequest对象 -- %>
    var xmlHttp=getAjaxObject();
<% -- 步骤3:指定AJAX请求的方式,目标应用程序,以及是否异步 -- %>
    xmlHttp.open("get","ajaxResponse.jsp",true);
<% -- 步骤4:指定处理AJAX响应的方法 -- %>
    xmlHttp.onreadystatechange=function(){
<% -- 步骤5:等待返回的结果并处理,然后刷新相应的节点内容 -- %>
    if(xmlHttp.readyState==4 && xmlHttp.status==200){
    document.getElementById("ajax_result").innerHTML=
    xmlHttp.responseText;
        }
    }
<% -- 步骤6:发送AJAX请求 -- %>
    xmlHttp.send();
}
</script>
</body>
</html>
```

(2) 在WebContent下新建一个JSP页面,命名为ajaxResponse.jsp,代码如下:

```jsp
<%@ page language="java" contentType="text/html; charset=UTF-8"
    pageEncoding="UTF-8"%>
<!DOCTYPE html>
<html>
<head>
<meta http-equiv="Content-Type" content="text/html; charset=UTF-8" />
</head>
<body>
AJAX请求响应成功<br>
</body>
</html>
```

（3）访问 index.jsp 页面，如图 10-3 所示。

图 10-3　访问 index.jsp 页面

（4）单击"发送 AJAX 请求"按钮，index.jsp 页面发送 AJAX 请求后页面进行刷新，如图 10-4 所示。

注意，此时浏览器的地址没有变化，AJAX 请求发送成功，并返回响应，刷新了页面中 id＝result 的 div 节点的内容。

图 10-4　index.jsp 页面发送 AJAX 请求后页面进行刷新

10.2.2　API 解释

下面对例 10-1 中每个步骤使用到的 AJAX 相关对象和方法进行说明。

（1）步骤 1 中指定发送 AJAX 请求的事件源为按钮的单击事件，并定义事件处理函数 ajaxRequest()。

（2）步骤 2 调用 getAjaxObject() 方法获取 XMLHttpRequest 对象。

不同版本的浏览器，其内置的 AJAX 对象 XMLHttpRequest 也是不一样的，因此 getAjaxObject() 方法是通过探测不同浏览器的 XMLHttpRequest 对象类型，最终返回当前浏览器的内置 XMLHttpRequest 对象。可以将该方法抽取出来，形成一个外部 JavaScript 文件，需要时进行调用。

（3）步骤 3 通过 XMLHttpRequest 对象的 open() 方法，指定 AJAX 请求的目标及方式。在 xmlHttp.open("get","ajaxResponse.jsp",true);这条语句中包含以下 3 个参数。

① 第一个参数为提交方式，取值为 get 或者 post，上面的例子是使用 GET 方式发出请求，也可以使用 POST 方式。

② 第二个参数指定处理 AJAX 请求的应用程序的 URL，可以是 JSP 页面，也可以是 Servlet。如果第一个参数取值是 get，可以在 URL 后面传递参数，如 index.jsp?a＝1 这样的形式。如果第一个参数值是 post，并需要传递参数，就需要在步骤 6 之前对请求头进行设置。

③ 第三个参数指定 AJAX 请求是否采用异步方式，候选值为 true 或者 false。其中 true 表示采用异步方式，这也是一般 AJAX 请求的方式。若设置为 false，则该请求采用同步方式，当请求发送后，将等待后端应用程序处理结果返回，页面再做响应，在此期间网页处于等待状态。因此，该参数一般设置为 true。

（4）步骤 4 指定处理 AJAX 响应的方法，使用 XMLHttpRequest 对象的 onreadystatechange

属性,并指定回调函数去处理,此处采用的是匿名函数的写法。

(5) 步骤 5 通过判断 XMLHttpRequest 的状态来处理 AJAX 请求返回的响应。XMLHttpRequest 对象的属性及描述,如表 10-1 所示。

表 10-1　XMLHttpRequest 对象的属性及描述

属　性	描　述
onreadystatechange	每当 readyState 属性改变时,就会调用该函数
readyState	XMLHttpRequest 的状态从 0～4 发生变化。 0:请求未初始化。 1:服务器连接已建立。 2:请求已接收。 3:请求处理中。 4:请求已完成,且响应已就绪
status	200:"OK " 400:页面未找到

其中,readyState 属性表示 AJAX 响应的状态,当这个属性改变时,就会触发 onreadystatechange 事件。readyState 属性共有 5 种变化,分别代表了 AJAX 响应可能的状态。在后续处理中,可以针对每种响应状态编写处理代码。

当 readyState = 4 且 status 为 200 时,表示响应已就绪,此时就可以通过 XMLHttpRequest 对象的 responseText 或者 responseXML 属性来获取 AJAX 响应。如果服务器响应的格式为文本格式,如例 10-1 中的 JSP 页面,或者 JSON 格式,则使用 responseText;若是 XML 格式,则使用 responseXML。

在获取到响应后,可以根据业务需求对响应进行解析并处理,然后利用 DOM 对象将最终数据动态地加载到要刷新的节点元素中,如本例中将返回的 JSP 页面中的文本内容,赋给 id=result 的 div 节点的 innerHTML 属性,达到页面局部刷新的效果。

注意,若使用 innerText 属性,则 div 内容显示时,将不会考虑 HTML 标签的转义显示,会按照普通文本原样输出。

(6) 步骤 6 为使用 XMLHttpRequest 对象的 send()方法,发出 AJAX 异步请求。

① 如果在步骤 3 中指定的是 GET 方式,并且不需要传递参数,就可以参照本例,直接使用 xmlHttp.send()方法即可。

② 如果在步骤 3 中指定的是 POST 方式,且需要传递参数,就使用以下语句:

```
xmlHttp.setRequestHeader("Content-type","application/x-www-form-urlencoded");
xmlHttp.send("a=1");
```

上面两条语句指定该 AJAX 请求采用 POST 方式向后端应用程序发送参数 a,其值为 1。此时参数传递时不会像 GET 方式那样暴露在地址栏中。

10.3　AJAX 实例

本节通过例 10-2 来讲解利用 AJAX 技术实现商品搜索功能。

10.3.1 需求分析

该示例要求在搜索商品页面中输入商品名称关键字,单击搜索按钮,发送 AJAX 请求;后端应用程序接收 AJAX 请求后返回商品名中包含关键字的商品列表,并在搜索框下面直接显示商品信息。

10.3.2 实现思路

根据上面的需求分析,可以使用 JSP+Servlet+JavaBean+AJAX+JSON 等技术实现。

(1) search.jsp:搜索页面,包含一个输入框、一个按钮以及一个 div。单击按钮后发送 AJAX 请求,div 部分用于收到响应后刷新商品信息。

(2) SearchServlet:处理 AJAX 请求,接受提交的参数,并根据参数返回对应商品信息。

(3) Goods.Java:JavaBean 类,用于封装商品属性的类。

(4) JSON:SearchServlet 首先将商品封装成 JavaBean 对象,但作为 AJAX 响应返回时,需要将 Java 对象转换为 text 文本形式,此时需要利用 JSON 作为中间载体,即 SearchServlet 处理后的商品信息以 JSON 数组的形式进行传输。

(5) AJAX:在 search.jsp 中利用按钮单击事件发送 AJAX 请求,并在处理 AJAX 响应的回调函数中,对返回的 JSON 串进行处理,转换为 JavaScript 对象,然后输出到指定 div 的 innerHTML 中,以显示商品信息。

10.3.3 JSON 对象

JSON(JavaScript Object Notation,JavaScript 对象标记)是一种轻量级的数据交换格式。它是 ECMAScript(欧洲计算机协会制定的 JavaScript 规范)标准的一个子集,采用完全独立于编程语言的文本格式来存储和表示数据。

常见的数据类型都可以通过 JSON 来表示,例如字符串、数字、对象、数组、布尔类型等。其中对象和数组是比较常用的两种类型。

(1) 对象:对象在 JSON 中使用花括号{}包裹起来,数据结构为{key1:value1, key2:value2,…}这样的键值对形式。在面向对象的语言中,key 为对象的属性,value 为对应的值。键名可以使用整数和字符串来表示。值的类型可以是任意类型。

(2) 数组:数组在 JSON 中是方括号[]包裹起来的内容,数据结构为["java", "javascript", "C++",…]的结构。类型可以是字符串、数字、对象、数组、布尔或 null。

由于各种编程语言都能较好地解析 JSON 对象或者数组,因此 JSON 非常适用于数据传输与交换。常用的处理 JSON 的工具包有很多,本书中使用的是 json-lib。

当页面中使用 AJAX 请求与后端进行交互时,可以按照以下步骤进行处理。

(1) 当 AJAX 请求提交给后端程序处理后,可以将 Java 对象通过 json-lib 库中提供的工具类的方法进行转换。

① JSONJavaScript 类:该类的静态方法 JSONObject.fromObject(object obj)可以将 Java 对象转换为 JSON 对象。

② JSONArray 类:该类的静态方法 JSONArray.fromObject(object obj)可以将 Java 对象的集合转换为 JSON 数组。

这两个类都有一个静态方法 toString()，可以将 JSON 对象或者数组转换为字符串。

（2）当 AJAX 响应返回到页面后，JavaScript 可以利用其内置的 JSON 对象的 parse() 方法，对返回的 JSON 字符串进行转换，将 JSON 格式的数据重新转换为 JavaScript 对象，再根据业务需要进行处理即可。

10.3.4 代码实现

（1）在 WebContent 下新建一个名为 search.jsp 的页面，代码如下：

```jsp
<%@ page language="java" contentType="text/html; charset=UTF-8"
    pageEncoding="UTF-8" %>
<!DOCTYPE html>
<html>
<head>
<meta http-equiv="Content-Type" content="text/html; charset=UTF-8" />
<title>搜索商品</title>
</head>
<body>
<script src="js/getAJAXObject.js"></script>
请输入商品名称查询：
<input type="text" id="goodsname" name="goodsname"></input>
<input type="button" value="查询" onclick="search()"></input>
<hr>
<div id="searchresult">
</div>
<script>
function search(){
    var xmlHttp = getAjaxObject();
    var goodsname = document.getElementById("goodsname").value;
    var url = "SearchServlet";
    var result = "没有类似商品";
    xmlHttp.open("POST",url,true);
    xmlHttp.onreadystatechange = function(){
        if (xmlHttp.readyState == 4 && xmlHttp.status == 200){
            var responsetext = xmlHttp.responseText;
        //利用 JavaScript 中内置的 JSON 对象将 JSON 字符串转换为 JavaScript 对象
            var goodsList = JSON.parse(responsetext);
            if(goodsList.length!= 0){
            result = "<table><tr><th>商品号</th>
        <th>商品名称</th><th>单价</th></tr>"
            for(var i = 0;i < goodsList.length;i++){
            result += "<tr><td>" + goodsList[i].gid + "</td><td>" +
            goodsList[i].gname + "</td><td>" +
            Number(goodsList[i].gprice).toFixed(2) + "</td></tr>";}
                result += "</table>";
            }
        document.getElementById("searchresult").innerHTML = result;
        }
```

```
            xmlHttp.setRequestHeader("Content-type","application/x-www-form-urlencoded");
            xmlHttp.send("goodsname=" + goodsname);
    }
</script>
</body>
</html>
```

(2) 在 WebContent 下新建一个名为 js 的文件夹,然后在该文件夹下新建一个名为 getAJAXObject.js 的文件,该文件的作用是根据不同的浏览器获取 AJAX 对象,search.jsp 引用了该文件。代码如下:

```
function getAjaxObject(){
        var xmlHttp;
        if (window.XMLHttpRequest)
          {// IE7+、Firefox、Chrome、Opera、Safari 浏览器执行代码
           xmlHttp = new XMLHttpRequest();
          }
          else
          { // IE6、IE5 浏览器执行代码
             xmlHttp = new ActiveXObject("Microsoft.XMLHTTP");
          }
        return xmlHttp;
        }
```

(3) 在 src 目录下新建一个名为 com.test.model 的包,在该包下新建一个名为 Goods.java 的类,代码如下:

```
package com.test.model;
public class Goods implements java.io.Serializable{
private static final long serialVersionUID = 5501853714666889077L;
private int gid;
private String gname;
private double gprice;
public int getGid() {
    return gid;
}
public void setGid(int gid) {
    this.gid = gid;
}
public String getGname() {
    return gname;
}
public void setGname(String gname) {
    this.gname = gname;
}
public double getGprice() {
    return gprice;
```

```
}
public void setGprice(double gprice) {
    this.gprice = gprice;
}
}
```

(4) 在 src 目录下新建一个名为 com.test.servlet 的包,在该包下新建一个名为 SearchServlet 的 Servlet,使用注解@WebServlet("/SearchServlet")配置该 Servlet 匹配的路径为"/SearchServlet"。由于需要使用 JSON 对象,因此需要下载以下 6 个 jar 包,并复制到 WebContent→WEB-INF→lib 路径下。

① commons-beanutils-1.7.0.jar
② commons-collections-3.1.jar
③ commons-lang-2.5.jar
④ commons-logging.jar
⑤ ezmorph-1.0.3.jar
⑥ 6json-lib-2.1-jdk15.jar

在 SearchServlet 的 doGet()方法中添加代码如下:

```
request.setCharacterEncoding("UTF-8");
response.setCharacterEncoding("UTF-8");
response.setHeader("Content-type","text/plain;charset=UTF-8");
String goodsname = request.getParameter("goodsname");
ArrayList<Goods> goodsList = null;
if(goodsname!=null&&goodsname.equals("华为")) {
    //此处为了演示,假设搜索的是华为手机
    Goods goods1 = new Goods();
    Goods goods2 = new Goods();
    goods1.setGname("华为 P30");
    goods1.setGid(1001);
    goods1.setGprice(3000.00);
    goods2.setGname("华为 P40");
    goods2.setGid(1002);
    goods2.setGprice(4000.00);
    goodsList = new ArrayList<Goods>();
    goodsList.add(goods1);
    goodsList.add(goods2);
        }
//生成一个 JSON 数组对象
JSONArray goodsListJsonObject = new JSONArray();
if(goodsList!=null&&goodsList.size()!=0) {
//将 Java 集合对象转换为 JSON 数组对象
goodsListJsonObject = JSONArray.fromObject(goodsList);}
//将 JSON 数组对象转换为字符串
String resultString = goodsListJsonObject.toString();
PrintWriter out = response.getWriter();
out.print(resultString);           //向前端页面返回响应,格式为 JSON 字符串
out.flush();
out.close();
```

（5）访问 search.jsp 页面并输入关键字"华为"，如图 10-5 所示。

图 10-5　访问 search.jsp 页面并输入关键字"华为"

（6）单击"查询"按钮，发送 AJAX 请求并返回响应，如图 10-6 所示。此时在搜索框下面的 div 部分显示华为商品信息。

图 10-6　AJAX 请求响应并显示商品信息

按 F12 键，打开浏览器的开发者模式，选择 SearchServlet 的网络选项卡，查看响应头中返回的商品信息的 JSON 串，如图 10-7 所示。

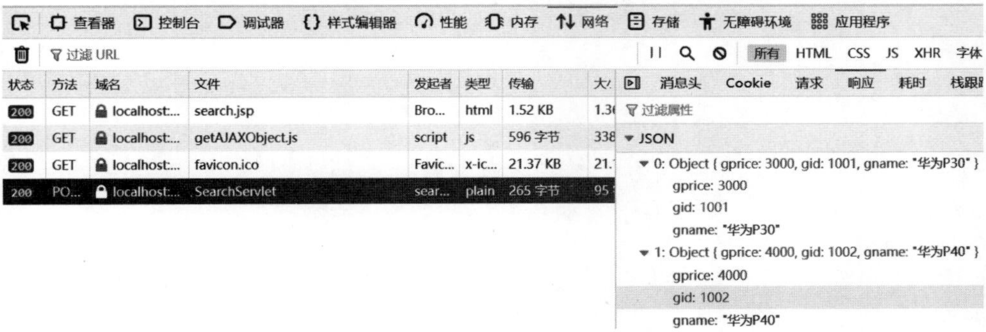

图 10-7　查看响应头中返回的商品信息的 JSON 串

如果以别的关键字进行搜索，就没有对应的商品信息。页面显示没有类似商品，如图 10-8 所示。

图 10-8　页面显示没有类似商品

10.4　AJAX 技术的优点与缺点

10.4.1　优点

AJAX 具有如下优点。

(1) 减轻服务器负端,避免刷新整个页面导致的重复请求。

(2) 可以带来更好的用户体验。

(3) 前后端数据的交互与页面之间进行分离,便于程序处理。

10.4.2　缺点

AJAX 的缺点主要有以下两方面。

(1) 对于不同的浏览器,AJAX 请求对象有所不同,如果需要兼容老版本的浏览器,就需要进行一定程度的封装,增加了程序的复杂度。

(2) 当页面刷新或者回退时,AJAX 请求响应后刷新的内容将会消失,无法保持之前操作的状态。

第二部分　实践操作篇

第11章 简易购物系统的设计与实现

11.1 系统需求分析

视频讲解

在第 6 章例子中,已经实现了将商品加入购物车以及查看购物车的功能。因此,本章在简易购物车的基础上,综合运用前 10 章所学的知识点,实现一个简易的购物系统,相比于购物车,该系统增加了以下功能。

(1) 利用 Ajax 技术,商品首页可从数据库中实时动态地读取商品信息。
(2) 商品首页提供商品查询功能,能够根据商品名称进行搜索。
(3) 在购物车查看页面,能够实现对购物车中商品条目的删除功能。
(4) 模拟实现购物车结算功能。

11.2 开发模式及思路

11.2.1 MVC 模式

所谓 MVC 模式,即 Model-View-Controller(模型—视图—控制器)模式,是一种应用程序的分层开发思想。MVC 模式包含以下三层。

(1) 视图层:直接面向最终用户,是程序提供给用户的操作界面,与用户进行交互。
(2) 模型层:应用程序需要操作的数据。
(3) 控制层:负责根据用户从"视图层"输入的指令,选取"数据层"中的数据,然后对其进行相应的操作,产生最终结果。

这三层是紧密联系在一起的,但又是互相独立的,每层内部的变化不影响其他层。每层都对外提供接口(Interface),以供其他层调用,从而实现软件的解耦与模块化,方便应用系统的维护和升级。

对于 Web 应用系统而言,可以采用 Servlet+JSP+JavaBean 的方式实现 MVC 模式的思想,其中模型层由 JavaBean 或者 POJO 对象充当,视图层由 JSP 页面进行显示,而控制层由 Servlet 负责协调 JSP 页面和 JavaBean,获取参数并处理业务逻辑,然后将结果封装成 JavaBean 对象,最终提交给 JSP 页面显示。

11.2.2 实现思路

简易购物系统采用 MVC 模式,综合使用之前章节中已经学习的知识,利用 JSP+

Servlet+JavaBean+JDBC+AJAX+JSTL 等技术来实现。此外为了实现解耦和代码复用，系统采用了分层的思想。项目整体架构如图 11-1 所示。

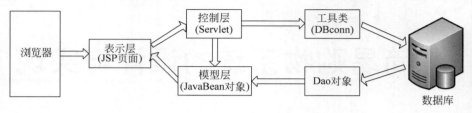

图 11-1　项目整体架构

（1）数据库连接对象：将数据库连接的操作抽象成一个静态类，用于获取数据库连接对象，当需要连接数据库时，可以调用该对象。

（2）数据模型层：JavaBean 对象，封装商品以及购物车基本属性和操作。

（3）数据访问层：将商品和购物车对象的基本操作，如查询、增加、删除等操作进行封装，形成对应的 Dao 类，以便处理业务逻辑时进行调用。

（4）业务逻辑控制层：由不同的 Servlet 进行控制，负责接收页面的请求，并调用数据访问层相应的操作方法，实现具体的业务逻辑，并转发到相应页面。

（5）表示层：JSP 页面，与用户进行直接的交互，发送相应的请求，并接收响应，显示新的数据信息。

11.3　数据库设计与功能设计

视频讲解

11.3.1　数据库设计

本例中可以直接使用第 7 章中已经建立好的数据库以及表，商品表仍然使用 web_test 数据库中的 goods 表，数据库以及表的创建步骤可以参考并查阅 7.1 节的内容。为了方便测试，可以往 goods 表中添加若干条商品信息。插入商品信息后 goods 表中的记录如图 11-2 所示。

11.3.2　功能设计

图 11-2　插入商品信息后
goods 表中的记录

项目目录结构如图 11-3 所示。

（1）JSP 页面。

① index.jsp：用于显示手机商品信息，以及选择并加入购物车操作，同时还能通过输入商品名称进行查询操作。

② cart.jsp：用于显示当前购物车内商品的信息、每种商品小计金额、商品数量以及购物车总金额；同时提供删除每种商品操作的超链接，可以将该商品从购物车中移除。

（2）JavaScript 文件：包括外置文件和 JSP 页面中内嵌的 JavaScript 代码。

① 外置文件：getAJAXObject.js，根据不同浏览器获取对应的 AJAX 对象。

② 内嵌 JavaScript 代码：主要用于编写 AJAX 请求以及页面控件的操作设置。

(3) JavaBean 对象：用于商品以及购物车对象的封装。

① Goods.java：包含商品 ID、名称、价格以及数量等属性，以及对应 getter()/setter() 方法。

② Cart.java：包含一个商品集合对象的属性，以及对应的 getter()/setter() 方法，同时封装了获取商品总数、商品价格总额、判断是否包含特定商品以及增加商品到购物车的方法。

(4) 工具类 DbConn 对象：该工具类为静态类，提供给 Servlet 对象使用。该类使用 JDBC 完成对数据库的连接、获取连接对象以及操作完成后释放连接对象等资源。

(5) Dao 对象：数据访问接口对象，将底层的数据访问逻辑和上层的业务逻辑分开，提供给处理对应业务逻辑的 Servlet 对象使用。

① GoodsDao：完成对商品对象的查询、封装操作。

② CartDao：实现对购物车中的商品对象进行添加以及删除。

图 11-3 项目目录结构

(6) Servlet：从 JSP 页面接收相应请求，调用相应的 Dao 对象，完成数据的操作，封装成相应的 JavaBean 或 JSON 对象，返回给 JSP 页面。

① AddCartServlet：接收 JSP 页面的增加商品请求，调用 CartDao 对象的商品增加方法进行处理。

② DelCartServlet：接收 JSP 页面的删除商品请求，调用 CartDao 对象的商品删除方法进行处理。

③ SearchServlet：接收 JSP 页面的查询商品请求，调用 GoodsDao 对象的查询方法进行处理。

④ DealServlet：处理购物车中的购买请求。

11.4 系统开发与系统功能演示

系统开发过程文档见下方二维码。

系统开发过程文档

第 12 章 改进版购物系统的设计与实现

视频讲解

12.1 改进系统需求分析

在第 11 章中,基本实现了购物车的功能,即完成了商品添加、移除以及模拟商品的购买。不过对于该系统,还存在以下一些问题。

(1) 购物车没有和用户进行绑定,无法区分不同用户的购物行为。
(2) 购物车中商品的数量无法修改。
(3) 购物车信息存储在 session 中,关闭浏览器后,购物车中的商品无法保存。

因此,需要对简易购物系统的功能进行以下 7 方面的改进和完善。

① 增加用户登录功能,将购物车和用户行为绑定。
② 在未登录前,客户可以浏览商品首页以及搜索商品。
③ 未登录的客户无法添加商品到购物车,单击"添加"按钮,页面将跳转到登录页面。
④ 用户登录成功后,除浏览及搜索商品外,可以添加商品到购物车。
⑤ 在未结算前,购物车中的商品的数量可以进行修改,修改后的结果存储在数据库中。
⑥ 当用户添加或者删除商品时,能够将购物车的商品信息存储在数据库中。
⑦ 当购物车中的商品结算后,能够将购物车的商品信息重新写入数据库。

改进后的购物系统的业务流程如图 12-1 所示。

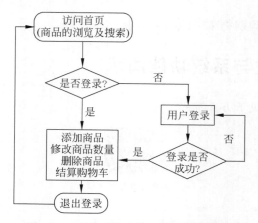

图 12-1 改进后的购物系统的业务流程

12.2 新增功能模块设计

12.2.1 数据库新增表

（1）在 web_test 数据库中建立一个名为 user 的表，存储用户的信息，包括用户的 ID、名称、密码等信息。user 表中的字段及类型如表 12-1 所示。

表 12-1　user 表中的字段及类型

字段名	描述	类型	主键	非空	唯一	自增
uid	用户编号	INT	是	是	是	是
username	用户名称	VARCHAR		是		
password	用户密码	VARCHAR		是		

user 表建立的 SQL 语句如下所示。

```
CREATE TABLE user (
uid int NOT NULL AUTO_INCREMENT ,
username varchar(255) NOT NULL ,
password varchar(255) NOT NULL ,
PRIMARY KEY (uid)
);
```

执行以下 SQL 语句，新增两条记录：{username：张三，password：123456} 以及 {username：jack，password：123456}，作为用户登录功能测试使用。

```
insert into user(username,password) values('张三','123456');
insert into user(username,password) values('jack','123456');
```

（2）在 web_test 数据库中建立一个名为 cart 的表，存储用户购物车的信息，包括购物车的 ID、用户的 ID、商品 ID、商品数量等信息。cart 表中的字段及类型如表 12-2 所示。

表 12-2　cart 表中的字段及类型

字段名	描述	类型	主键	非空	唯一	自增
id	购物车编号	INT	是	是	是	是
uid	用户编号	INT		是		
gid	商品编号	INT		是		
gcount	商品数量	INT		是		

cart 表建立的 SQL 语句如下：

```
CREATE TABLE cart (
id int NOT NULL AUTO_INCREMENT ,
uid int NOT NULL ,
gid int NOT NULL ,
gcount int NOT NULL ,
PRIMARY KEY (id)
);
```

12.2.2 新增功能设计

改进后的购物系统项目的目录结构如图12-2所示。

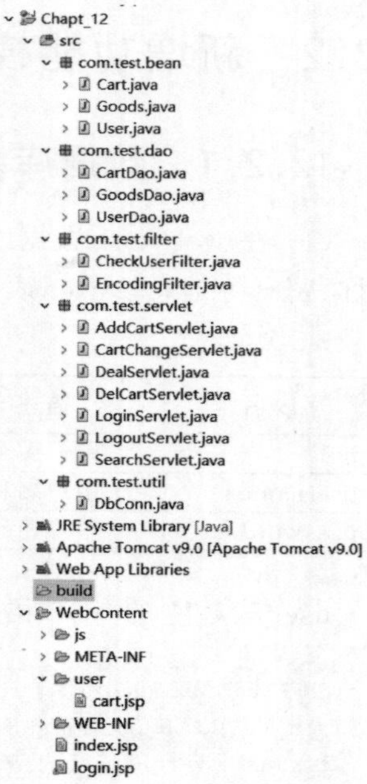

与第11章的简易购物项目相比,此处重点说明改进以及新增的功能部分。

(1) JSP 页面。

① login.jsp(新增):用于用户输入用户名和密码的登录页面。

② index.jsp(改进):添加了对用户登录状态的判断逻辑。

③ cart.jsp(改进):基于访问权限控制的目的,将该页面移至 WebContent 下的 user 目录下,并新增用户登录状态判断,即只有当用户登录成功后,才能访问该页面。

(2) JavaBean 对象。

User.java(新增):包含用户 ID、名称、密码属性,以及对应 getter()/setter()方法。

(3) Dao 对象。

① UserDao(新增):完成对用户对象的查询操作。

② CartDao(改进):实现对购物车中商品对象的添加、删除以及修改,并保存到数据库中。

(4) Servlet 类。

① AddCartServlet(改进):在 HttpSession 中添加了对 user 属性的读取与判断。

② DelCartServlet(改进):在 HttpSession 中添加了对 user 属性的读取与判断。

③ DealServlet(改进):在 HttpSession 中添加了对 user 属性的读取与判断。

④ CartChangeServlet(新增):处理当购物车中商品发生变化时的请求。

⑤ LoginServlet(新增):处理用户登录请求。

⑥ LogoutServlet(新增):处理用户退出登录请求。

(5) Filter 过滤器。

① CheckUserFilter(新增):访问权限过滤,判断用户是否登录。

② EncodingFilter(新增):设置请求以及响应的编码方式。

图 12-2 改进后的购物系统项目的目录结构

12.3 系统开发与项目总结

系统开发过程详见下方二维码。

系统开发过程文档

图书资源支持

感谢您一直以来对清华版图书的支持和爱护。为了配合本书的使用，本书提供配套的资源，有需求的读者请扫描下方的"书圈"微信公众号二维码，在图书专区下载，也可以拨打电话或发送电子邮件咨询。

如果您在使用本书的过程中遇到了什么问题，或者有相关图书出版计划，也请您发邮件告诉我们，以便我们更好地为您服务。

我们的联系方式：

清华大学出版社计算机与信息分社网站：https://www.shuimushuhui.com/

地　　址：北京市海淀区双清路学研大厦 A 座 714

邮　　编：100084

电　　话：010-83470236　010-83470237

客服邮箱：2301891038@qq.com

QQ：2301891038（请写明您的单位和姓名）

资源下载：关注公众号"书圈"下载配套资源。

书 圈

清华计算机学堂

观看课程直播